煤矿生产安全知识普及读本

井下爆破安全知识

袁河津　主编

中国劳动社会保障出版社

图书在版编目(CIP)数据

井下爆破安全知识/袁河津主编. —北京：中国劳动社会保障出版社，2010

煤矿生产安全知识普及读本

ISBN 978－7－5045－8429－8

Ⅰ.①井…　Ⅱ.①袁…　Ⅲ.①煤矿开采－爆破安全－普及读物　Ⅳ.①TD235.4-49

中国版本图书馆 CIP 数据核字(2010)第 132255 号

中国劳动社会保障出版社出版发行

（北京市惠新东街1号　邮政编码：100029）

出 版 人：张梦欣

*

北京金明盛印刷有限公司印刷装订　新华书店经销

850 毫米×1168 毫米　32 开本　7.875 印张　154 千字

2010 年 7 月第 1 版　　2010 年 7 月第 1 次印刷

定价：20.00 元

读者服务部电话：010－64929211/64921644/84643933

发行部电话：010－64961894

出版社网址：http：//www.class.com.cn

内容简介

本书为“煤矿生产安全知识普及读本”之一，内容包括煤矿安全生产方针和法律法规，矿井通风和瓦斯、粉尘及火灾防治基本知识，矿井防治水和顶板管理基本知识，爆破基础知识，井下爆破作业，预防爆破事故及自救互救和现场急救知识。

本书内容实用性强、通俗易懂，并配有大量的事故案例和插图进行深入浅出的讲解，可作为班组安全生产教育培训的教材，也可供煤矿安全生产管理人员参考使用。

本书由正高级工程师袁河津担任主编，内蒙古伊泰煤炭股份有限公司生产事业部工程师王红松担任副主编。河北省唐山市博仁科技有限公司李菲、河北能源职业技术学院郭劲夫、高静插图。

前言

近年来，由于学习、践行科学发展观，坚持“安全第一，预防为主，综合治理”安全生产方针，全国煤矿安全生产事故明显下降，2008 年全国原煤产量达到 27.2 亿吨，同比增长 7.5%。煤矿事故总量在连续两年下降幅度超过 20%的基础上，事故起数和死亡人数同比下降 19.3%和 15.1%；百万吨死亡率1.182，同比下降 20.4%。但是，由于煤矿作业条件特殊，安全管理存在漏洞，特别是煤矿企业班组职工安全素质较低，造成目前煤矿事故总量和百万吨死亡率仍偏高，重、特大事故还时有发生，我国煤矿安全生产形势依然严峻。

班组是企业的“细胞”，是最基本的生产单位，是企业物质文明和精神文明的最终实施单位。煤矿企业安全管理要以班组作为出发点，又要以班组作为落脚点，并贯穿班组工作的全过程，班组安全则企业安全。为了适应煤矿班组安全生产教育培训的需要，提高职工的综合安全素质，促进煤矿安全生产形势进一步好转，中国劳动社会保障出版社特组织编写了“煤矿生产安全知识普及读本”。

本套丛书主要有以下特点：一是具有权威性。本套丛书的作者均为煤矿长期从事安全生产管理工作的专业人员，他们具有扎实的理论知识，又有着丰富的现场经验。二是针对性强。本套丛书在介绍安全生产基础知识的同时，以作业方向为模块进行分类，并采用问答形式编写，每分册只讲与本作业方向相关的知识，因而内容更加具体、更有针对性。班组在不同时期可以选择不同作业方向的分册进行学习，或者在同一时期选择不同分册组合形成一套适合本作业班组的教材。

本套丛书面向煤矿企业基层班组，针对一线职工，注重实用性和系统性，语言通俗易懂，并且图文并茂、案例翔实，可作为煤矿企业班组安全生产教育培训的教材，也可供煤矿安全生产管理人员参考使用。

在本套丛书编写过程中，曾得到有关单位部门和人员的大力支持和帮助，同时还参考了大量文献，在此一并表示谢意！

目录

第一章
煤矿安全生产方针和法律法规

1. 我国煤矿安全生产现状如何?

煤矿作为高危行业之一，安全生产始终是生产领域中的头等大事，党中央、国务院对煤矿的安全生产工作历来十分重视。近年来煤矿安全形势总体趋于好转。2007 年全国煤矿死亡人数 3 786人、百万吨死亡率 1.485，分别比 2006 年下降 20.2%和 27.2%。2008 年全国事故总量比 2007 年实际下降 1.4%，较大事故、重特大事故起数下降 3%，其中煤矿死亡人数下降 2%。2009 年我国煤矿百万吨死亡率降至 0.892。

但是，由于煤矿井下生产条件比较特殊，除了生产过程复杂、环节繁多、条件恶劣和场所移动以外，还受到水、火、瓦斯、煤与瓦斯突出、煤尘、顶板和冲击地压等自然灾害的严重威胁；加上技术装备水平比较落后，职工队伍素质不高，安全管理薄弱，一些单位和私营矿主在趋利思想支配下，忽视安全和职工健康，短期行为表现突出。所以，造成煤矿重、特大事故时有发生，事故总量很大，安全隐患仍然比较突出，煤矿安全生产形势依然十分严峻。

◎真实案例

2009 年 11 月 21 日 02:30，黑龙江省龙煤集团鹤岗分公司新兴煤矿，三水平二石门后组 15 层探煤道发生煤与瓦斯突出，引起风流逆向，瓦斯随逆向风流进入二段带式机机头硐室发生爆炸。事故发生时全矿井下作业人员 528 人，有 420 人安全升井，108 人遇难。

2. 安全在煤矿生产中的地位和作用是什么？

俗话说，煤矿安全为天，安全是煤矿生产中的头等大事。我们可以从以下 5 个方面去思考和评价。

1. 自然灾害的复杂性

煤矿生产除了一般工业生产具备的自然灾害以外，同时存在着水、火、瓦斯、煤尘和顶板等事故的严重威胁。

2. 伤亡事故的危害性

在我国铁路、冶金、建筑、纺织、化工、石油、建材、有色金属、地质、轻纺、电力和煤炭等 12 类产业中，煤炭行业事故最频，伤亡数最高，每年事故死亡人数超过其他 11 类产业的总和。我国煤产量占世界的 1/5，而死亡人数却占 4/5。

3. 职业病危害的严重性

据 2001 年资料统计，全国煤工尘肺病患者 22.7 万人，占全国各行各业尘肺病人总数的 39.9%。20 世纪 90 年代每年大约有 3 000 人死于尘肺病，至 2001 年底累计死亡 135 951 人。因尘肺病造成的直接经济损失高达数十亿元。此外，风湿病、腰肌劳损等职业性疾病在煤矿也十分普遍。

4. 事故经济损失巨大

每发生一起事故，都要付出数目巨大的抢救费、医疗费、抚恤费和子女养育费等。

◎真实案例

1984 年 6 月 2 日，河北省开滦矿务局范各庄矿发生一起奥灰水淹井灾害，造成范各庄矿和吕家坨矿停产，唐家庄矿、林西矿和赵各庄矿部分停产，当时导致全国煤炭供给紧张。范各庄矿停产 1 年多，恢复生产费用达 5 亿元。

5. 煤矿秩序的稳定性

煤矿不安全问题是煤炭生产发展的严重障碍之一。解决安全问题具有深远的政治意义，对维护改革、发展、稳定的大局，体现社会主义制度的优越性，密切党和群众的关系，提高人民群众主人翁地位，构建和谐社会都至关重要。

◎真实案例

2002 年 6 月 20 日 09:45，黑龙江省鸡西矿业（集团）公司城子河煤矿西二采区排水巷积水水面 14 m 处的巷道内发生特大瓦斯爆炸事故，造成 124 人死亡，24 人受伤，直接经济损失 484.81 万元。

3. 新时期我国煤矿安全生产方针的内容是什么？

煤矿安全生产方针是党和国家对煤矿安全工作提出的总要求和指导原则，它为煤矿安全生产工作指明了方向。所以，所有煤矿企业都必须认真贯彻落实煤矿安全生产方针。

1996 年 12 月 1 日起实施的《中华人民共和国煤炭法》（中华人民共和国主席令第 75 号，第八届全国人民代表大会常务委员会第 21 次会议于 1996 年 8 月 29 日通过）中明确规定：煤矿企业必须坚持“安全第一、预防为主”的安全生产方针。

党和政府对安全生产工作非常重视。2005 年提出安全生产要贯彻“安全第一，预防为主，综合治理”的方针。这一方针反映了党和政府对安全生产规律的新认识，对于指导社会主义市场经济和改革开放新时期的安全生产工作意义深远而重大。

新时期安全生产方针比以往的提法增加了“综合治理”4 个字，是对安全生产方针的充实、丰富和发展，它既继承了以往的精华，又进行了发展；既适应了当前安全生产新形势的迫切要求，又为未来安全生产工作拓展了空间，对于指导新时期的安全生产工作意义深远而重大。

4. 煤矿从业人员应享有哪些安全生产权利？

煤矿从业人员应享有以下 6 个方面的安全生产权利：

1. 煤矿企业与从业人员订立的劳动合同，应当载明有关保障从业人员劳动安全、防止职业危害，以及依法为从业人员办理工伤社会保险等事项。

2. 煤矿企业从业人员有权了解其作业场所和工作岗位存在的危险因素、防范措施及事故应急措施，有权对本单位的安全生产工作提出建议。

3. 从业人员有权对本单位安全生产工作中存在的问题提出批评、检举和控告，有权拒绝违章指挥和强令冒险作业。

4. 从业人员发现直接危及人身安全的紧急情况时，有权停止作业或采取可能的应急措施后撤离作业场所。

5. 因生产安全事故受到损害的从业人员，除依法享有工伤社会保险外，依照有关民事法律尚有获得赔偿权利的，有权向本单位提出赔偿要求。

5. 煤矿从业人员应履行哪些安全生产义务?

煤矿从业人员应履行以下 4 个方面的安全生产义务：

1. 从业人员应当接受安全生产教育和培训，掌握所需的安全生产知识，提高安全生产操作技能，增强事故预防和应急处理能力。

2. 从业人员在生产劳动过程中，应当严格遵守本单位的安全生产规章制度、操作规程及安全技术措施；要服从班组长的管理，听从班组长的安排，维护班组长的威信。

3. 从业人员上岗时要正确佩戴和使用劳动防护用品。劳动防护用品是保护从业人员在劳动过程中安全与健康的一种防御性装备。不同的劳动防护用品有其特定的佩戴和使用规则、方法，只有正确佩戴和使用，才能真正起到防护作用。煤矿企业为从业人员提供符合国家标准或行业标准的劳动防护用品后，从业人员有义务正确佩戴和使用。

4. 从业人员发现事故隐患或其他不安全因素，应当立即向现场安全生产管理人员或本单位负责人报告。同时，在保证自身安全前提下，消除灾害，处理事故，并对受伤人员进行现场急救。

6. 煤矿安全生产法律法规的作用是什么?

随着改革开放的不断深入，我国逐步进入法治社会，煤矿安全生产法律法规体系基本形成。煤矿企业从业人员一定要学习煤矿安全生产法律法规知识，做到知法、懂法和依法办事。煤矿安全生产法律法规的作用有以下 5 个方面：

1. 具体体现了国家对煤矿安全生产工作的各项要求。

2. 煤矿安全生产法律法规是煤矿在安全生产管理方面一切行为的准则，使煤矿生产建设有法可依、有章可循，以保障煤矿的安全生产和正常的工作秩序。

3. 用来加强煤矿职工的法制观念，限制违章、惩罚犯罪、教育人们吸取教训，鼓励职工自觉遵纪守法，以达到最大限度地防治煤矿各种灾害的目的。

4. 有利于保护煤矿职工安全监督的民主权利，更好地发动群众，用群众管理的方法搞好安全生产。

5. 有利于煤矿职工运用法律武器，捍卫自己的合法权益。

7. 与煤矿安全生产相关的法律法规有哪些?

目前，随着我国法制体系建设不断完善，在煤矿安全生产方面颁布实施了一系列相关的法律法规。它们主要有：

1.《中华人民共和国安全生产法》（中华人民共和国主席令第70号）

它是我国第一部全面规范安全生产的综合性法律，由第九届全国人民代表大会常务委员会第28次会议于2002年6月29日通过，自2002年11月1日起施行。

2.《中华人民共和国劳动法》（中华人民共和国主席令第28号）

其立法目的是为了保护劳动者的合法权益，调整劳动关系，建立和维护适应社会主义市场经济的劳动制度，促进经济发展和社会进步。该法经1994年7月5日第八届全国人民代表大会常务委员会第8次会议通过，自1995年1月1日起施行。

3.《中华人民共和国矿山安全法》（中华人民共和国主席令第65号）

它是我国第一部专门的矿山安全法律，由全国人民代表大会常务委员会第28次会议于1992年11月7日通过，自1993年5月1日起施行。

4.《中华人民共和国煤炭法》

它是我国第一部全面规范煤炭生产经营活动的综合性法律。

5.《煤矿安全监察条例》（中华人民共和国国务院令第296号）

它在我国煤矿安全监察法制建设历程中具有开创性的里程碑意义。经2000年11月1日国务院第32次常务会议通过，自2000年12月1日起施行。

6.《中华人民共和国职业病防治法》（中华人民共和国主席令第60号）

其立法目的是为了预防、控制和消除职业病危害，防治职业病，保护劳动者健康及其相关权益，促进经济发展。该法经2001年10月27日第九届全国人民代表大会常务委员会第24次会议通过，自2002年5月1日起施行。

7.《工伤保险条例》（中华人民共和国国务院令第375号）

其立法目的是为了保障因工作遭受事故伤害或者患职业病的职工获得医疗救治和经济补偿，促进工伤预防和职业康复，分散用人单位的工伤风险。该条例经2003年4月16日国务院第5次常务会议通过，自2004年1月1日起施行。

8.《关于预防煤矿生产安全事故的特别规定》（中华人民共和国国务院令第446号）

它的贯彻执行能够把煤矿安全生产的关口前移，及时发现并排除煤矿安全生产隐患，落实煤矿安全生产责任，预防煤矿生产安全事故发生，保障职工的生命安全和煤矿安全生产。该规定经2005年8月31日国务院第104次常务会议通过，自2005年9月3日起施行。

9.《中华人民共和国刑法修正案（六）》（中华人民共和国主席令第51号）

新修正的《刑法》加重了对生产安全事故犯罪的刑事处罚力度，经2006年6月29日第十届全国人民代表大会常务委员会第22次会议通过，自2006年6月29日起施行。

10.《煤矿生产安全事故报告和调查处理规定》（安监总政法[2008]212号）

其立法目的是为了规范煤矿生产安全事故的报告和调查处理，落实生产安全事故责任追究制度、防止和减少煤矿生产和安全事故。自2008年12月11日起施行。

11.《〈生产安全事故报告和调查处理条例〉罚款处罚暂行规定》(国家安全生产监督管理总局令第13号)

它是对《生产安全事故报告和调查处理条例》中罚款处罚的有关规定，经2007年7月3日国家安全生产监督管理总局局长办公会议审议通过，自2007年7月12日起施行。

8. 煤矿15种重大安全生产隐患和行为是什么?

2005年9月3日国务院颁布的《关于预防煤矿生产安全事故的特别规定》中列举了危及煤矿安全生产的15种隐患和行为。它们是：

1. 超能力、超强度或超定员组织生产的。

2. 瓦斯超限作业的。

3. 煤与瓦斯突出矿井，未按照规定实施防突措施的。

4. 高瓦斯矿井未建立瓦斯抽放系统和监控系统，或者瓦斯监控系统不能正常运行的。

5. 通风系统不完善、不可靠的。

6. 有严重水患，未采取措施的。

7. 超层越界开采的。

8. 有冲击地压危险，未采取有效措施的。

9. 自然发火严重，未采取有效措施的。

10. 使用明令禁止使用或者淘汰的设备、工艺的。

11. 年产6万t以上的煤矿没有双回路供电系统的。

12. 新建煤矿边建设边生产，煤矿改扩建期间，在改扩建的区域生产，或者在其他区域的生产超出安全设计规定范围和规模的。

13. 煤矿实行整体承包生产经营后，未重新取得安全生产许可证和煤炭生产许可证从事生产的；或者承包方再次转包的，以及煤矿将井下采掘工作面和井巷维修作业进行劳务承包的。

14. 煤矿改制期间，未明确安全生产责任人和安全管理机构的，或者在完成改制后，未重新取得或者变更采矿许可证、安全生产许可证、煤炭生产许可证和营业执照的。

15. 有其他重大安全生产隐患的。

存在以上隐患和行为的，应当立即停止生产，排除隐患。

9. 煤矿从业人员三级安全教育培训的内容是什么?

煤矿新工人入矿后，必须进行以下三级安全教育培训：

1. 入矿教育

对新入矿的工人必须接受入矿安全教育。

入矿教育主要内容有：煤矿安全生产方针和基本法律法规，煤矿安全的特殊性，本矿安全生产的基本状况，矿内特殊危险地点介绍，一般入矿安全须知和预防事故的基本知识等。

2. 车间、区队教育

车间、区队教育是指新工人接受入矿教育后，分配到车间、区队时所接受的安全教育。

车间、区队教育主要内容有：本车间、区队安全生产情况，劳动纪律和生产规则，必须遵守的安全规章制度、安全注意事项，车间、区队的危险区域，尘毒危害情况等。

3. 岗位教育

岗位教育是指新工人到达岗位开始作业前，在班组所接受的安全教育。

岗位教育主要内容有：班组安全生产概况，工作性质和职责范围，机械设备的安全操作方法，各种防护设施的性能和作用，作业地点可能出现的安全隐患、事故的预防和控制方法，发生事故时的安全撤退路线和紧急救灾措施；个体防护用品的使用方法等。

10.贯彻实施《煤矿安全规程》（2010 版）（国家安全生产监督管理总局令第 29 号）的意义是什么？

《关于修改〈煤矿安全规程〉部分条款的决定》已由 2009 年 12 月 14 日国家安全生产监督管理总局局长办公会议通过，自 2010 年 3 月 1 日起施行。贯彻实施《煤矿安全规程》（2010 版）主要有以下 3 个方面的意义：

1.《煤矿安全规程》（2010 版）是煤炭工业主管部门制定的在安全管理特别是在安全技术上总的规定，是煤炭工业贯彻落实《安全生产法》《矿山安全法》《煤炭法》和《煤矿安全监察条例》等安全法律法规的具体体现。

2.《煤矿安全规程》（2010 版）是保障煤矿职工安全与健康，保护国家资源和财产不受损失，促进煤炭工业健康发展必须遵循的准则。

3.《煤矿安全规程》（2010 版）是煤矿职工从事生产和指挥生产最重要的行为规范。

所以，全国所有煤矿企事业单位及其主管部门都必须严格执行《煤矿安全规程》。

11.《煤矿安全规程》（2010 版）的内容有哪些？

《煤矿安全规程》（2010 版）有四编及附则，共 20 章 751 条，具体包括以下内容：

第一编为总则，共有 14 条。

在第一编中规定了煤矿必须遵守有关安全生产的法律法规、规章、规程、标准和技术规范；建立各类人员安全生产责任制；明确职工有权制止违章作业、拒绝违章指挥。

第二编为井工部分，共 10 章 519 条。

在第二编中规定了井下采煤有关开采、“一通三防”、防治水、机电运输、爆破作业以及煤矿救护等所涉及的安全生产行为标准。

第三编为露天部分，有 8 章 204 条。

在第三编中规定了露天开采所涉及的安全生产行为标准。

第四编为职业危害，有 2 章 13 条。

在第四编中规定了职业危害的管理、监测及健康监护的标准。

附则有 1 条。

12.《煤矿安全规程》（2010 版）的特点是什么？

《煤矿安全规程》（2010 版）有以下 4 个特点：

1. 强制性

《煤矿安全规程》（2010 版）是煤矿安全法律法规体系的组成部分，所有煤矿企事业单位和职工的生产行为都不能与之相背离，否则，视情节或后果严重程度给予行政处分、经济处罚直至由司法机关追究其刑事责任。

2. 规范性

《煤矿安全规程》（2010 版）规定了煤矿生产建设中哪些行为被允许，哪些行为被禁止，哪些行为是必须的，哪些行为是采取什么措施后才允许的，具有很强的规范性。同时，它也是认定煤矿事故性质和应承担法律责任的重要依据。

3. 科学性

《煤矿安全规程》（2010 版）是长期煤炭生产经验和科学研究成果的总结，是广大煤矿职工智慧的结晶，也是煤矿职工用生命和汗水换来的教训，它的每一条规定都是在某种特定条件下可以普遍适用的行为规则。

4. 稳定性

《煤矿安全规程》（2010 版）在一段时期内相对稳定，不得随意修改。经执行一定时间后再由国家安全生产监督管理总局和国家煤矿安全监察局负责组织修订。

13. 制定、贯彻《煤矿作业规程》有什么具体规定?

在制定、贯彻《煤矿作业规程》时应遵守以下 4 个方面的具体规定：

1. 每一个采掘工作面开工以前，必须按照一定程序、时间和要求，坚持“一个工作量一个规程”的原则编写《煤矿作业规程》，不得沿用、套用其他采掘工作面的《煤矿作业规程》，严禁无《煤矿作业规程》组织采掘生产工作。

2. 采掘工作面《煤矿作业规程》的贯彻学习，必须在工作面采煤和掘进施工以前完成。由施工单位负责人组织施工人员学习，由编制本规程的工程技术人员负责贯彻。参加学习的施工人员必须经考试合格后方可上岗作业。考试的成绩应登记在本规程的贯彻学习记录簿上，并由本人签名，存入本单位的安全培训档案。考试成绩不合格的，要进行补充贯彻和补考。

3. 从开工之日起，至少每月应重新学习一次《煤矿作业规程》。遇到工作面的地质、施工条件发生变化，必须及时补充修改安全技术措施。补充的安全技术措施也必须履行审批和贯彻程序。

4. 对于违反《煤矿作业规程》所造成的各类事故，要坚持“四不放过”的原则，即事故原因没查清不放过，事故责任者没受到处理不放过，事故责任者和群众没受到教育不放过，整改措施没落实不放过。对责任者，要严格进行追查处理，还要对其进行《煤矿作业规程》补课学习。

14. 为什么必须熟悉并掌握《煤矿工人技术操作规程》?

1. 《煤矿工人技术操作规程》的性质

《煤矿工人技术操作规程》是煤矿企事业单位或其主管部门根据《煤矿安全规程》（2010 版）和有关质量标准等文件的规定，结合岗位工人的工作环境条件和使用的工具设备等具体情况，以保证人员、设备的安全为目的而编制的，指导工人在本岗位进行生产工艺操作的行为标准，具有法规性质。

2.《煤矿工人技术操作规程》的基本内容

《煤矿工人技术操作规程》的基本内容一般包括：一般规定、准备、检查和处理、操作和注意事项，以及工作收尾等部分。每一部分都对岗位工人生产作业中的具体操作程序、方法、安全注意事项等作了具体、明确的规定。

3. 必须熟悉并掌握《煤矿工人技术操作规程》

现场作业人员只有严格按本工种、本岗位的《煤矿工人技术操作规程》去操作、作业，才能保证人员、设备和设施的安全，保证生产的正常进行。违反《煤矿工人技术操作规程》就可能导致事故发生，造成设备、设施损坏，人员伤亡、生产中断，甚至发生矿井重大灾害事故。所以，煤矿从业人员必须熟悉并掌握《煤矿工人技术操作规程》，严格执行本工种、本岗位的《煤矿工人技术操作规程》。

15. 贯彻执行煤矿灾害预防和处理计划有什么要求?

1. 煤矿灾害预防和处理计划的编制内容

(1) 根据本矿具体条件进行事故预防。

(2) 预防事故发生的主要措施。

(3) 事故发生后，参加处理事故的人员组成及分工、通知方法和顺序等。

(4) 事故发生后，安全撤出灾区人员的措施和避难措施。

(5) 对事故进行抢救处理的措施。

2. 煤矿灾害预防和处理计划（以下简称“计划”）的贯彻

执行

（1）编制的“计划”由矿长组织实施，要组织全体从业人员和矿山救护队学习，使每一名员工都熟知“计划”内容，熟悉井下避灾路线，掌握在井下进行自救的措施及正确使用自救器的方法。

（2）每年必须至少组织1次矿井救灾演习，在预想事故的地点，按“计划”要求，有目的、有计划、有组织地进行演习。

（3）每季度应根据具体情况进行修改、制定补充措施，同时要重新贯彻、组织学习。

16. 违反煤矿安全生产法律法规要追究哪些责任？

违反煤矿安全生产法律法规主要追究以下3种责任：

1. 行政责任

行政责任是由国家行政机关对违反煤矿安全生产法律法规的单位和个人追究的责任。

（1）行政处罚：包括警告、罚款、没收违法所得、责令改正、责令限期改正、责令停止违法行为、责令停产停业整顿、责令停产停业、责令停止建设、拘留、关闭、吊销有关证照，以及安全生产法律法规、行政法规规定的其他形式。

（2）行政处分：包括警告、记过、记大过、降级、降职、撤职、留用察看和开除等8种形式。

2. 刑事责任

刑事责任是对触犯国家《刑法》的责任者所追究的责任。

我国《刑法》规定，刑罚的种类有管制、拘役、有期徒刑、无期徒刑和死刑等五种主刑，还有罚金、剥夺政治权利和没收财产三种附加刑。

3. 民事责任

民事责任是违反民事义务、侵害他人合法权益而依法应该承担的责任。民事责任有多种形式，在安全生产中主要是“赔偿损失”的形式。

17. 生产安全事故罚款处罚有什么规定?

事故发生单位的主要负责人、直接负责的主管人员和其他直接责任人员依照下列规定给予罚款处罚：

1. 谎报、瞒报事故的，处上一年年收入的60%～80%的罚款。

2. 下列情形之一的，处上一年年收入的80%～90%的罚款：

(1) 伪造、故意破坏事故现场的。

(2) 转移、隐匿资金、财产，销毁有关证据、资料的。

(3) 拒绝接受调查的。

(4) 拒绝提供有关情况和资料的。

(5) 在事故调查中做伪证的。

(6) 指使他人做伪证的。

3. 事故发生后逃匿的，处上一年年收入的100%的罚款。

18. 煤矿安全中有哪些常见的刑事犯罪?

1. 重大责任事故罪

重大责任事故罪是指工厂、矿山、林场、建筑企业或者其他企业、事业单位的职工，由于不服管理，违反规章制度，或者强令工人违章冒险作业，因而发生重大伤亡事故或者造成其他严重后果，危害公共安全的行为。

◎真实案例

2004 年 10 月 20 日，河南省郑州煤炭工业集团大平煤矿井下掘进工作面爆破，引发延期性特大煤与瓦斯突出，进而引起瓦斯爆炸事故，造成 148 人死亡、35 人受伤，直接经济损失 3 935.7万元。事故刑事责任处理如下：

(1) 矿通风科调度员贾××，事故当日在接到井下瓦斯超限的报警后，没有及时向矿领导和有关部门报告，也未采取停电撤人措施，延误了救援时间；事故发生后，还撕毁并伪造事故当日值班记录。

(2) 矿调度员景××，事故当日对安全监控系统长时间报警不按规定及时采取停电撤人措施。

(3) 矿通风科长彭××，不坚守岗位，擅自离岗，使安全监控系统长时间报警却得不到及时处理。

(4) 矿长助理付××，事故当日值班期间玩牌娱乐，没有及时掌握生产动态和发现问题，接到安全监控系统长时间报警的报告后，不能及时指挥值班调度员组织有关部门派人迅速处理，也未按规定采取停电撤人措施。

以上 4 人对事故发生均负有直接责任，已构成重大责任事故罪，分别判处 7 年、6 年、4 年和 3 年有期徒刑。

2. 重大劳动安全事故罪

重大劳动安全事故罪是指工厂、矿山、林场、建筑企业或者其他企业、事业单位的劳动安全设施不符合国家规定，因而发生重大伤亡事故或者造成其他严重后果、危害公共安全的行为。

◎**真实案例**

2005 年 7 月 11 日 02:33，新疆维吾尔自治区阜康市神龙煤矿发生特大瓦斯爆炸事故，造成 83 人死亡，4 人受伤，直接经济损失 3 517 万元。

该矿在无专用通风井、无安全生产许可证、无改扩建资格证书的情况下便投入生产。身为神龙公司董事长的姜××为了追求高额利润，拒不执行政府有关部门的监管、监察指令。仅 2004—2005 年政府有关部门就给该矿下达了 15 份整改通知，但从未引起姜××等人的重视，依然违规生产。刘××在无矿长资格证的情况下担任神龙煤矿矿长，在管理该矿期间，随意变更安全管理机构，矿井安全管理混乱。

在这次事故中，以重大劳动安全事故罪判处：原董事长姜××有期徒刑 6 年、原矿长刘××有期徒刑 5 年、原副矿长兼调度室主任任××有期徒刑 3 年。

3. 玩忽职守罪

玩忽职守罪是指国家机关工作人员严重不负责任，不履行或者不认真履行职责，致使公共财产、国家和人民利益遭受重大损失的行为。

◎**真实案例**

2005 年 8 月 7 日 13:13，广东省大兴煤矿发生特大透水事故。据调查，地方安全监管、煤炭、国土资源部门的主管人员对该矿长期非法超强度开采没有认真履行监管职责，明知大兴煤矿证照不全，仍同意报批复产意见；公安局主管民用爆炸物品的人员不认真履行监管职责，致使该矿得以长期获得爆炸物用于非法开采；主管安全生产的乡镇干部对不具备开采条件的该矿不认真履行监管职责，未发现该矿在停产期间的偷采行动。

在这次事故处理中，以玩忽职守罪对广东省兴宁市安监局副局长×××、兴宁市煤炭局副局长×××和×××、兴宁市国土资源局原副局长×××分别判处有期徒刑 3 年零 6 个月、4 年零 6 个月和 2 年、6 年（包括受贿罪），对其他负有一定责任的 12 名原国家机关工作人员以玩忽职守罪分别给予相应刑罚。

4. 非法采矿罪

非法采矿罪是指违反矿产资源法的规定，拒不执行停止开采的禁令，造成矿产资源破坏的行为。

◎真实案例

2007 年 5 月 5 日 13:50，山西省临汾市蒲县克城镇蒲邓煤矿发生重大瓦斯爆炸事故，造成 28 人死亡，23 人受伤（其中 1 人重伤），直接经济损失 1 183.44 万元。

该矿长期违法违规组织生产、超员、越界开采。事故发生后，蒲邓煤矿有限公司董事长、法定代表人、蒲邓煤矿矿长，公司副总经理，副矿长，矿总工程师和北采区生产副矿长均被追究非法采矿罪。

19. 生产安全事故犯罪有哪些刑事处罚办法?

生产安全事故犯罪主要有以下刑事处罚办法：

1. 在生产、作业中违反有关安全管理的规定，因而发生重大伤亡事故或者造成其他严重后果的，处 3 年以下有期徒刑或者拘役；情节特别恶劣的，处 3 年以上 7 年以下有期徒刑。

2. 强令他人违章冒险作业，因而发生重大伤亡事故或者造成其他严重后果的，处 5 年以下有期徒刑或者拘役；情节特别恶劣的，处 5 年以上有期徒刑。

3. 安全生产设施或者安全生产条件不符合国家规定，因而发生重大伤亡事故或者其他严重后果的，对直接负责的主管人员和其他直接责任人员，处 3 年以下有期徒刑或者拘役；情节特别恶劣的，处 3 年以上 7 年以下有期徒刑。

4. 在安全事故发生后，负有报告职责的人员不报或者谎报事故情况，贻误事故抢救，情节严重的，处 3 年以下有期徒刑或者拘役；情节特别严重的，处 3 年以上 7 年以下有期徒刑。

20. 举报煤矿重大安全生产隐患和违法行为的奖励办法是什么？

举报煤矿重大安全生产隐患和违法行为，经调查属实的，受理举报的部门或者机构应当给予实名举报的最先举报人 1 000 元至 1 万元的奖励。

举报内容如下：

1. 举报非法煤矿的，即煤矿未依法取得采矿许可证、安全生产许可证、煤炭生产许可证、营业执照或矿长未依法取得矿长资格证、矿长安全资格证擅自进行生产的，或者未经批准擅自建设的。

2. 举报煤矿非法生产的。即煤矿已被责令关闭、停产整顿、停止作业，而擅自进行生产的。

3. 举报煤矿重大安全生产隐患的。

4. 举报隐瞒煤矿伤亡事故的。

5. 举报国家机关工作人员和国有企业负责人投资入股煤矿，以及其他与煤矿安全生产有关的违法违规行为的。

6. 举报煤矿其他安全生产违法违规行为的。

21. 区（队）班（组）长安全生产责任制内容是什么?

区（队）班（组）长安全生产责任制主要有以下 8 个方面的内容：

1. 认真执行有关安全生产的规定，模范遵守安全技术操作规程，对本区（队）班（组）工人在生产中的安全和健康负责。

2. 根据生产任务、作业环境和工人思想状况，具体布置安全工作。对新工人进行现场安全教育，并指定专人负责其劳动安全。

3. 组织区（队）班（组）工人学习有关安全规程和规定，检查执行情况。教育工人不得违章蛮干，发现违章作业和违反劳动纪律情况，立即进行劝阻。

4. 自身带头遵章守纪，不违章指挥，不强令工人违章蛮干。

5. 经常检查生产中的不安全因素，发现事故隐患及时解决。对暂时不能从根本上解决的问题，要采取临时措施加以控制，并及时上报。

6. 现场发生伤亡事故，要积极组织抢救处理并保护现场。事故发生后要立即组织全体区（队）班（组）工人认真分析，吸取教训，提出防范措施。

7. 认真做好交接班工作，对于本班存在的安全隐患必须交接清楚。

8. 对安全工作表现好的工人进行表扬奖励，对“三违”人员给予批评并加以经济处罚。

22. 区（队）、班（组）从业人员安全岗位责任制内容是什么?

区（队）、班（组）从业人员安全岗位责任制主要有以下9个方面的内容：

1. 认真学习上级有关安全生产规程、规定和规章制度。积极参加安全技术知识培训。熟悉并掌握安全操作技能。

2. 自觉执行安全生产各项规章制度、安全技术措施和本工种的操作规程。

3. 遵守劳动纪律，服从区（队）班（组）长的现场管理。

4. 自身不违章操作、作业。制止其他人员违章作业，拒绝区（队）班（组）长的违章指挥。

5. 爱护、保护安全设施和安全标志。

6. 正确佩戴、使用和爱护个人劳动防护用品。

7. 搞好本工种、本岗位的质量标准化和文明生产工作。

8. 积极参加各项安全生产活动并提出安全生产合理化建议。

9. 发现事故隐患要及时排除。发生事故后要积极参与自救、互救和创伤急救活动。

23. 现场安全联防互保制度有哪几种形式?

现场安全联防互保制度主要有以下3种形式：

1. 自保

自保是指工人与区（队）班（组）长签订安全责任状，保证本人安全作业，并承担一定责任。

2. 互保

互保是指工人之间结成对子，签订安全互保合同，规定双方的权利和义务。目前互保形式主要有：一是以作业小组为单位结成互保对子；二是党团员、先进人物与其他工人结成互保对子；三是班（组）长、劳动保护检查员和安全检查工与普通工人结成互保对子；四是老工人与新工人结成互保对子。

3. 联保

联保是指由多名工人组成联保小组。例如：瓦斯检验工、爆破工和班（组）长结成安全爆破联保小组；爆破工、掘进机司机和支架工结成掘进顶板安全联保小组等。还可以与职工家属、共青团组织签订联保公约，发挥家属和青年在安全生产中的作用。

24. 煤矿企业职业健康检查有哪些规定?

《煤矿安全规程》（2010 版）中规定：

1. 对新入矿的工人必须进行职业健康检查，并建立健康档案。

2. 定期对接触粉尘、毒物及有关物理因素等作业人员进行职业健康检查。

3. 职业性健康检查、职业病诊断、职业病治疗应由取得相应资格的职业卫生机构承担。

4. 对检查出的职业病患者，煤矿企业必须按国家规定及时进行治疗、疗养和调离有害作业岗位，并做好健康监护及职业病报告工作。

5. 对接触粉尘工人的职业健康检查必须拍照胸大片。《煤矿安全规程》中对检查时间间隔作了具体要求。

25. 使用煤矿劳动防护用品有哪些规定?

按照 2005 年 9 月 1 日起施行的《劳动防护用品监督管理规定》（国家安全生产监督管理总局令第 1 号）要求，必须做到以下几点：

1. 煤矿企业不得以货币或者其他物品替代应当按规定配备的劳动防护用品。

2. 煤矿企业为工人提供的劳动防护用品，必须符合国家或者行业标准，不得超过使用期限。

3. 煤矿企业应当督促、教育工人正确佩戴和使用劳动防护用品。

4. 煤矿工人在作业过程中，必须按照安全生产规章制度和劳动防护用品使用规则，正确佩戴和使用劳动防护用品；未按规定佩戴和使用劳动防护用品的，不得上岗作业。

5. 煤矿工人在使用劳动防护用品的过程中，要爱惜用品，防止发生不应发生的损坏。同时，使用后要及时清洗，经常保持清洁完好，防止霉蛀变质，要妥善保管。对特殊防护用品（如绝缘用品等）一定要坚持定期复验制度，不合格、失效的一律不准使用。

第二章 矿井通风和瓦斯、粉尘及火灾预防基本知识

26. 矿井通风的作用和基本任务是什么？

1. 矿井通风的作用

煤矿井下开采存在着瓦斯及其他有害气体，存在着瓦斯煤尘爆炸、火灾、煤炭自燃等危险，严重制约着煤矿安全生产。“一通三防”指的是加强矿井通风，防治瓦斯、防治煤尘、防治火灾。

搞好“一通三防”工作，是煤矿安全工作的重中之重，也是杜绝重大事故、实现煤矿安全状况根本好转的关键。为了创造良好的煤矿生产作业环境，对瓦斯、煤尘和火灾实现切实可行的防治，最经济、最基础的解决方法就是搞好矿井通风工作。

2. 矿井通风的基本任务

（1）将足够的新鲜空气送到井下，供给井下人员呼吸所需要的氧气。

（2）将稀释有害气体和矿尘后的空气排出地面，以保证井下空气质量，并将矿尘浓度限制在规定的安全浓度以下。

（3）新鲜空气送到井下后，调节井下工作地点的气候条件，保证井下具有满足作业规定的风速、温度和湿度，创造良好的作业环境。

◎真实案例

2007 年 12 月 5 日 21:15，山西省临汾市洪洞县瑞之源煤业有限公司新窑煤矿由于通风系统混乱，采掘工作面互相串联通风，有的无风，爆炸火花引爆瓦斯，煤尘参与爆炸，造成 105 人死亡。

27. 氧气（O_2）的性质是什么？对人体健康有哪些作用？

氧气是一种无色、无味、无臭的气体，相对密度为 1.11。氧气的化学性质很活泼，能与大多数元素起氧化反应。氧气能够帮助燃烧和供人、动物呼吸，是空气中不可缺少的气体。

人体维持正常生命过程的需氧量，取决于人的体质、精神状态和劳动强度等因素。一般来说，人在休息时平均需氧量为 0.25 L/min；工作和行走时平均需氧量为 1～3 L/min。

空气中氧气浓度对人体的健康有很大影响。空气中氧气减少，人的呼吸就会感到困难，严重时会因缺氧而死亡。当空气中氧气浓度下降到 17%时，人在静止状态下尚无影响，如果从事强度较大的活动或劳动，就会感到呼吸困难和心跳，引起喘息；当空气中氧气浓度下降到15%时，人就会失去劳动能力，不能从事劳动活动；当氧气浓度下降到10%～12%时，人就会神志不清，如果时间稍长就会对生命构成威胁；当氧气浓度下降到6%～9%时，人则会失去知觉，如果不及时进行抢救就会造成死亡。

《煤矿安全规程》（2010版）中规定：采掘工作面的进风流中，氧气浓度不低于20%。

28. 氮气（N_2）和二氧化碳（CO_2）的性质是什么？对人体健康有哪些影响？

1. 氮气（N_2）：氮气是无色、无味、无臭的惰性气体。不助燃，也不能供人呼吸。氮气的相对密度为0.97。在一般情况下，氮气占空气体积的79%。氮气本身对人体健康无害，但当空气中氮气含量过多时，就会使氧气的浓度相对减小，使人缺氧而窒息。

2. 二氧化碳（CO_2）：二氧化碳是无色、略带酸味的气体，易溶于水，不助燃，也不能供人呼吸。二氧化碳的相对密度为1.52，多积存在通风不良的巷道底部、下山等低矮地方，对人的眼、鼻、口腔黏膜有一定的刺激作用。

二氧化碳对人体健康影响较大，微量二氧化碳能促使人的呼吸加快，呼吸量增加。当二氧化碳浓度为1%时，人的呼吸变得急促；当增至5%时呼吸困难，伴有耳鸣和血液流动加快的感觉；当增至10%～20%时，呼吸将处于停顿并失去知觉，时间稍长就会有生命危险；当高达20%～25%时，人将中毒死亡。

《煤矿安全规程》（2010版）规定，采掘工作面进风流中，二氧化碳浓度不超过 0.5%。矿井总回风巷或一翼回风巷中二氧化碳浓度超过 0.75%时，必须立即查明原因，进行处理。

29. 一氧化碳（CO）的性质是什么？对人体健康有哪些影响？

一氧化碳是无色、无味、无臭的气体，相对密度为 0.97，微溶于水。在正常的温度和压力条件下，化学性质不活泼。当空气中一氧化碳浓度达到 13%～75%时，能引起燃烧和爆炸。

一氧化碳毒性很强，它对人体血色素的亲和力比氧气大 250～300倍，当空气中一氧化碳浓度达到 0.4%时，吸入人体内的一氧化碳会很快地与血色素结合，阻碍氧气与血色素的正常结合，导致血色素吸氧能力降低，使人体各部组织和细胞产生缺氧，引起中毒、窒息而死亡。

一氧化碳中毒的明显特点是人的嘴唇呈桃红色，两颊有斑点。

煤矿井下一氧化碳的来源主要有瓦斯、煤尘爆炸和火灾。当瓦斯爆炸发生后，空气中一氧化碳浓度高达 2%～4%；当煤尘爆炸发生后，空气中一氧化碳浓度一般为 2%～3%，个别可高达 8%，当发生煤炭自燃和火灾事故时，空气中一氧化碳浓度上升很快。由于一氧化碳浓度过高，造成瓦斯、煤尘爆炸和火灾事故中人员大量伤亡。

《煤矿安全规程》（2010 版）中规定，矿井空气中一氧化碳的最高允许浓度为 0.002 4%。

◎真实案例

2009 年 3 月 9 日 22:30，内蒙古自治区鄂尔多斯市准格尔旗聚能煤炭有限责任公司路鑫聚煤矿井下发生一氧化碳气体中毒事故，造成6人死亡，3人受伤。

30. 矿井主要通风机停止运转时，应采取什么措施？

主要通风机停止运转时，受停风影响的地点，必须立即停止工作，切断电源，工作人员先撤到进风巷道中，由值班矿长迅速决定全矿井是否停止生产，工作人员是否全部撤出。

主要通风机停止运转期间，对由一台主要通风机担负全矿通风的矿井，必须打开井口防爆门和有关风门，利用自然风压进行矿井通风；对由多台主要通风机联合通风的矿井，必须正确控制风流，防止风流紊乱。

31. 矿井反风有哪几种方式？

矿井反风的方式，主要有全矿性反风、区域性反风和局部性反风三种方式。

1. 全矿性反风

实现全矿总进、回风井及采区主要进、回巷的风流全面反风的反风方式，叫做全矿性反风。

当矿井井口附近、井筒、井底车场（包括井底车场主要硐室）和井底车场直接相通的大巷（如中央石门、运输大巷）发生火灾时，应采用全矿性反风。

全矿性反风主要有以下几种方法：

（1）设专用反风道反风。

（2）利用备用通风机作反风道反风。

（3）采取通风机反转反风。

（4）调节通风机动叶安装角反风。

目前，大多数煤矿采用反风道反风和反转风机反风两种方法。

2. 区域性反风

在多进风、多回风井的矿井一翼（或某一独立通风系统）进风大巷中发生火灾时，调节一个或几个主要通风机的反风设施，可实现矿井部分地区内的风流反向的反风方式，叫做区域性反风。

3. 局部性反风

当采区内发生火灾时，矿井主要通风机保持正常运行，通过调整采区内预设风的开关状态，实现采区内部分巷道风流的反向，把火灾烟流直接引向回风道的反风方式，叫做局部性反风。

32. 采煤工作面专用排瓦斯巷有什么作用？采用专用排瓦斯巷有哪些安全规定？

由于采煤工作面产量越来越高，特别是综采放顶煤高产工作面有的年产 500 万 t 以上，甚至达到 1 000 万 t，工作面瓦斯涌出量也急剧增加。由于采用瓦斯抽放和加大通风能力的方法后，仍然不能有效解决风流中瓦斯浓度超限的问题，所以出现了采用专用排瓦斯巷的新技术。几十年来，我国高瓦斯矿井通常采用的采煤工作面通风方式是很难达到瓦斯浓度不超标的，因而应用专用排瓦斯巷的工作面越来越普遍。多年实践证明，应用专用排瓦斯巷是安全的。但是，由于认识和管理的不足，也发生过与专用排瓦斯巷有关的瓦斯事故，特别是2009年2月22日02:20，山西焦煤集团西山煤电公司屯兰煤矿南四采区发生特别重大瓦斯爆炸事故。事故造成78人死亡、114人受伤（其中重伤5人）。屯兰事故以后，人们对采煤工作面专用排瓦斯巷出现了一些争论意见。为了统一认识，进一步规范行为，《煤矿安全规程》（2010版）第137条在2004年修改的基础上，又进行了较大的修改。

1. 采煤工作面专用排瓦斯巷及其作用

采煤工作面专用排瓦斯巷是指在采煤工作面回风顺槽的外侧，平行于回风顺槽布置的专用巷道。它与回风顺槽每隔一定距离用联络巷连通，专门用来排放工作面及其采空区内的瓦斯。

采煤工作面的专用排瓦斯巷是治理瓦斯的有效措施。它的作用主要在以下两个方面：

（1）由于专用排瓦斯巷的瓦斯控制浓度较高，因而能够以较小的风量排出较高浓度的大量瓦斯。

（2）由于专用排瓦斯巷处于采空区位置，所以能够有效地带走工作面上隅角积存的大量瓦斯。

2. 采用专用排瓦斯巷的安全规定

（1）采用专用排瓦斯巷必须具备以下基本条件：

1）采煤工作面瓦斯涌出量大于或等于20 m^3/min。

2）进、回风巷道净断面8 m^2以上。

3）经抽放，瓦斯达到J《煤矿瓦斯抽采基本指标》（AQ 1026—2006）的要求。例如：

工作面绝对瓦斯涌量5≤Q＜10 m^3/min时，工作面抽采率≥20％；

工作面绝对瓦斯涌量 $10 \leqslant Q < 20\ m^3/min$ 时，工作面抽采率 ≥30%；

工作面绝对瓦斯涌量 $20 \leqslant Q < 40\ m^3/min$ 时，工作面抽采率 ≥40%；

工作面绝对瓦斯涌量 $40 \leqslant Q < 70\ m^3/min$ 时，工作面抽采率 ≥50%；

工作面绝对瓦斯涌量 $70 \leqslant Q < 100\ m^3/min$ 时，工作面抽采率≥60%；

工作面绝对瓦斯涌量 $100\ m^3/min \leqslant Q$ 时，工作面抽采率≥70%；

4）风流已达允许最高风速 4 m/s 后。

5）回风巷风流中瓦斯浓度超过 1.0%和二氧化碳浓度超过 1.5%。

（2）采用专用排瓦斯巷时，在通风方面应做到以下 3 点：

1）工作面风流控制必须可靠。

2）专用排瓦斯巷内风速不得低于 0.5 m/s。

3）专用排瓦斯巷必须贯穿整个工作面推进长度且不得留有盲巷。

（3）采用专用排瓦斯巷时，该巷风流中的瓦斯浓度不得超过 2.5%。

（4）专用排瓦斯巷的甲烷断电仪，应悬挂在距专用排瓦斯巷回风口 10～15 m 处。当甲烷浓度达到最高允许浓度 2.5%时，能发出报警信号并切断工作面电源，工作面必须停止工作，进行处理。

(5) 采用专用排瓦斯巷时，在防灭火方面应做到以下5点：

由于瓦斯浓度达到爆炸界限，遇火源即可引发爆炸，所以在专用排瓦斯巷内必须严格防灭火工作。

1) 煤层的自燃倾向性为不易自燃和自燃煤层，专用排瓦斯巷禁止布置在易自燃煤层中。

2) 专用排瓦斯巷内必须使用不燃性材料进行支护。

3) 专用排瓦斯巷内应有防止产生静电、摩擦和撞击火花的安全措施。

4) 专用排瓦斯巷及其辅助性巷道内不得设置电气设备，以防产生电气火花。

5) 为了防止生产、维修作业过程中产生撞击火花，专用排瓦斯巷及其辅助性巷道内不得进行生产作业；进行巷道维修时，瓦斯浓度必须低于1.0%，与《煤矿安全规程》(2010版) 有关规定相衔接。

(6) 专用排瓦斯巷必须在工作面进、回风巷道系统之外另外布置，并编制专门设计和制定专项安全技术措施；严禁将工作面回风巷作为专用排瓦斯巷管理。

(7) 专用排瓦斯巷的设置必须由企业主要负责人审批。

33. 如何加强局部通风机通风的安全管理?

加强局部通风机通风的安全管理是提高掘进速度、保证安全生产和实现长距离掘进通风的关键。

1. 局部通风机必须由专人负责看管，严禁任何人随意停开。

2. 局部通风机必须安设在进风巷道中，距巷道回风口不得小于 10 m，以免发生循环风。

3. 风筒无破口；吊挂平、直、稳；拐弯或变径要使用过渡节；到工作面迎头距离要符合《煤矿作业规程》规定。

4. 局部通风机应与采煤工作面分开供电或安装选择性漏电保护装置。高突矿井局部通风机应采用专用变压器、专用开关、专用线路供电。

5. 严禁使用 3 台以上（含 3 台）的局部通风机同时向一个掘进工作面供风。不得使用一台局部通风机同时向 2 个作业的掘进工作面供风。

6. 局部通风机必须实行风电闭锁，停风后，立即切断全部非本质安全型电气设备的电源。

7. 风筒应采用抗静电、阻燃风筒。

34. 局部通风机为什么必须实行风电闭锁?

局部通风机的风电闭锁是指局部通风机停止运转时，能立即自动切断局部通风机供风巷道中的一切电气设备的电源，并且在局部通风机未启动通风前，不能接通巷道中的一切电源。

当局部通风机因故停风后，掘进巷道的瓦斯得不到有效的稀释和排放，常造成瓦斯积聚浓度超限；同时，非本质安全型电气设备如果管理不善，容易产生电火花。电火花与达到爆炸浓度的瓦斯相遇时，即发生瓦斯爆炸事故。如果停风后，能够切实不能接通电源，就减小了产生电火花的危险。同时停电后，工人不能在掘进道进行作业，也减少了其他火源的产生和控制现场无风作业。所以，实行风电闭锁，是预防瓦斯爆炸的一项重要举措。

《煤矿安全规程》（2010 版）中规定，使用局部通风机供风的地点必须实行风电闭锁。

《煤矿安全规程》（2010 版）中规定，使用 2 台局部通风机供风的，2 台局部通风机都必须同时实现风电闭锁。

35. 高突矿井掘进工作面的局部通风机安全供电有什么规定？

《煤矿安全规程》（2010 版）规定，瓦斯喷出区域、高瓦斯矿井、煤（岩）与瓦斯（二氧化碳）突出矿井中，掘进工作面的局部通风机应采用“三专”（专用变压器、专用开关、专用线路）供电；也可采用装有选择性漏电保护装置的供电线路供电，但每天应有专人检查一次，保证局部通风机可靠运转。

36. 掘进巷道停风时有哪些安全规定？

掘进巷道局部通风机停风时，应符合以下 3 个方面的规定要求：

1. 使用局部通风机通风的掘进工作面，不管掘进与否，都不得停风，以防掘进巷道中积存大量瓦斯。否则，如果有人作业，就会导致人员窒息、死亡；如果是停工工作面，恢复掘进时需要排放瓦斯，带来许多不安全因素。

2. 因检修、停电等原因计划性停风的，为了确保人员身体健康和安全，必须将人员撤出；同时为了避免出现电火花引爆瓦斯，必须切断掘进巷道的一切电源。

3. 恢复通风前，必须检查瓦斯。只有在局部通风机及其开关附近 10 m 以内风流中的瓦斯浓度都不超过 0.5%时，方可人工开启局部通风机，以免引起巷道中涌出的瓦斯爆炸。

37. 有哪些情形时认定为“通风系统不完善、不可靠”？如何处理？

1. 根据国家安全生产监督管理总局和国家煤矿安全监察局制定的《煤矿重大安全生产隐患认定办法（试行）》（安监总煤矿字［2005］（33 号）），“通风系统不完善、不可靠的”是指有下列情形之一的：

（1）矿井总风量不足的。

（2）主井、回风井同时出煤的。

（3）没有备用主要通风机或者两台主要通风机能力不匹配的。

（4）违反规定串联通风的。

（5）没有按正规设计形成通风系统的。

（6）采掘工作面等主要用风地点风量不足的。

（7）采区进（回）风巷未贯穿整个采区，或者虽贯穿整个采区，但一段进风、一段回风的。

（8）风门、风桥、密闭等通风设施构筑质量不符合标准、设置不能满足通风安全需要的。

（9）煤巷、半煤岩巷和有瓦斯涌出的岩巷的掘进工作面未装备甲烷风电闭锁装置或者甲烷断电仪和风电闭锁装置的。

2. 认定“通风系统不完善、不可靠”后，应该立即登记建档，指定专人负责跟踪监控，企业应该认真整改，排除隐患。整改完成后，由煤矿主要负责人组织自检。自检合格后，向县级以上政府煤矿安全生产监管部门提出恢复生产的申请报告。验收合格方可恢复生产。

对于存在“通风系统不完善、不可靠”的重大安全生产隐患的煤矿，仍然进行生产的，主管部门应当责令其立即停产整顿，并处50万元以上200万元以下的罚款，对煤矿企业负责人处3万元以上15万元以下的罚款。对3个月内2次或者2次以上发现“通风系统不完善、不可靠”仍然进行生产的煤矿，由有关部门、机构提请有关地方人民政府关闭该煤矿，并由颁发证照的部门立即吊销矿长资格证和矿长安全资格证，该煤矿的法定代表人和矿长5年内不得再担任任何煤矿的法定代表人或者矿长。

◎真实案例

2002年6月20日09:03，黑龙江省鸡西矿业集团城子河煤矿145采煤工作面的临时水仓，由于没有形成全风压通风的通风系统，利用局部通风机进行通风。局部通风机突然停止运转，无风状态长达42 min，造成瓦斯积聚。潜水泵插销开关失爆，启动时产生电弧引燃瓦斯，造成爆炸，导致124人死亡，24人受伤。

38. 什么是煤矿瓦斯？它是怎样产生的？有哪些性质？

1. 广义地说，煤矿瓦斯是生产过程中产生的大量有毒、有害气体的总称，俗称沼气。由于其中甲烷的含量占80%以上，所以习惯上又把瓦斯叫做甲烷，写成CH_4。

2. 瓦斯是在煤的生成过程中伴随产生的。古代植物在成煤过程中，经化学作用，其纤维质分解产生大量瓦斯。在以后煤的变质过程中，随着煤的化学成分和结构的改变，继续有瓦斯不断生成。在漫长的地质年代里，大部分瓦斯早已逸散于大气之中，只有少部分还滞留在煤体内，随着采掘活动的进行，瓦斯便从煤体内涌出。

3. 瓦斯的性质

（1）瓦斯是无色、无味、无臭的气体。

（2）瓦斯的相对密度为 0.554。

（3）瓦斯扩散性很强，是空气的 1.6 倍。

（4）瓦斯微溶于水。

（5）瓦斯不助燃，但与空气混合达到一定浓度后，遇火源可以燃烧、爆炸。

（6）瓦斯本身无毒，但空气中瓦斯浓度增加时，会使氧含量相应减小，从而使人因缺氧窒息。

39. 如何计算矿井瓦斯涌出量？

矿井瓦斯涌出量是指在开采过程中，单位时间内或单位质量的煤中放出的瓦斯量。表示矿井瓦斯涌出量的方法有两种：

1. 绝对瓦斯涌出量

绝对瓦斯涌出量是指单位时间内涌入采掘空间的瓦斯数量，用 m^3/min 或 m^3/d 表示，可用下式进行计算。

$$Q_{CH_4}=QC$$

或

$$Q'_{CH_4}=1\,440QC$$

式中　Q_{CH_4}——矿井（或采区）绝对瓦斯涌出量，m^3/min；

Q'_{CH_4}——矿井（或采区）绝对瓦斯涌出量，m^3/d；

Q——矿井（或采区）总回风量，m^3/min；

C——矿井（或采区）总回风流中的瓦斯浓度，%；

1 440——1 昼夜的分钟数。

2. 相对瓦斯涌出量

相对瓦斯涌出量是指在矿井正常生产条件下，月平均日产1 t煤所涌出的瓦斯数量，用 m^3/t 表示，可用下式进行计算。

$$q_{CH_4}=\frac{1\,440Q_{CH_4}N}{A}$$

式中 q_{CH_4}——矿井（或采区）相对瓦斯涌出量，m^3/t；

Q_{CH_4}——矿井（或采区）绝对瓦斯涌出量，m^3/min；

A——矿井（或采区）月产煤量，t；

N——矿井（或采区）的月工作天数，d。

必须指出，对于抽放瓦斯的矿井，在计算矿井瓦斯涌出量时，应包括抽放的瓦斯量。

40. 瓦斯有哪些危害?

煤矿井下瓦斯主要有以下危害：

1. 瓦斯本身无毒，但空气中瓦斯浓度增加，氧含量相应减小，就会使人因缺氧而窒息。

2. 瓦斯在一定条件下，会发生燃烧、爆炸。爆炸产生的冲击波会造成人员伤亡、巷道和设备毁坏；爆炸形成的高温能烧伤、烧死人员，烧毁设备、材料和煤炭资源；爆炸生成的大量有毒有害气体，会使大批人员窒息、中毒甚至死亡；爆炸扬起大面积粉尘，使之参与爆炸，后果更加惨重。

3. 瓦斯是一种无色、无味、无臭的气体，人体凭感觉器官很难发现其存在，所以隐蔽性很强。但它的扩散性很强，是空气的 1.6 倍，能迅速扩散至全部空间，对人体造成危害。

4. 瓦斯相对密度约为空气的一半，所以经常积聚在巷道空间的上部，特别是巷道冒顶空洞里、采煤工作面上隅角和采空区冒高处，积聚的瓦斯浓度容易达到爆炸界限，但不容易被检测出来。

5. 瓦斯燃烧具有延迟性。因为瓦斯的热容量大，遇高温并不会立即发生燃烧，这段间隔时间称为感应期。安全爆破就是利用瓦斯爆炸感应期而实现的。

目前，瓦斯事故已成为我国煤矿“第一杀手”。据统计，2007 年全国煤矿瓦斯事故起数占总事故起数的 11.2%；死亡平均人数占总死亡人数的 28.6%；在重大事故以上瓦斯事故发生的次数占全国煤矿各类事故总次数的 78.57%；瓦斯事故一次死亡平均人数 3.99 人。

特别是 2004 年 10 月至 2005 年底，共发生一次死亡 100 人以上的特别重大瓦斯事故 5 起，共计死亡 757 人。因此，预防瓦斯事故的发生是煤矿安全工作的重中之重。

◎真实案例

2005 年 2 月 14 日 13:01，辽宁省阜新矿业（集团）有限责任公司孙家湾煤矿由于冲击地压作用使瓦斯大量涌出，掘进工作面局部停风造成瓦斯积聚达到爆炸界限，工人违章带电检修临时配电点的照明信号综合保护装置时产生电火花，引起瓦斯爆炸。这次瓦斯爆炸事故造成 214 人死亡、30 人受伤，直接经济损失达 4 968.9 万元。

41. 瓦斯爆炸的条件是什么？

瓦斯爆炸必须有以下 3 个条件，且缺一不可：

1. 瓦斯浓度

瓦斯爆炸浓度为 5%～16%，达到 9.5%时爆炸威力最强。但瓦斯爆炸界限会随其他可燃气体和煤尘的混入或混合气体的压力和温度的升高而扩大。

2. 高温火源

一般情况下，瓦斯引爆温度为 650～750℃。明火、煤炭自燃、电气火花、摩擦火花、静电和吸烟等都可能引爆瓦斯。

3. 氧气含量

瓦斯爆炸时，空气中氧气含量必须达到 12%以上。

42. 瓦斯爆炸有哪些危害？

瓦斯爆炸主要可以造成以下危害：

1. 产生高温

瓦斯爆炸产生的高温可达 2 150～2 650℃，会烧伤、烧死人员，烧毁设备和煤炭资源。

2. 产生高压

瓦斯爆炸产生的高压会形成强大冲击波，造成人员伤亡、巷道和机械设备遭到破坏，扬起大量粉尘，并使之参与爆炸。

3. 产生大量有害气体

瓦斯爆炸后空气成分发生变化，氧含量下降到 6%～8%，二氧化碳浓度增加到 4%～8%，特别是一氧化碳浓度高达 2%～

4%，会造成大批人员伤亡。

43. 为什么采掘工作面容易发生瓦斯爆炸?

瓦斯爆炸主要发生在掘进工作面，其次是采煤工作面。其主要原因有以下几方面：

1. 掘进工作面

掘进工作面的瓦斯爆炸事故约占总事故起数的 80%。主要原因是：

（1）掘进工作面局部通风机供风距离长，如果管理不善，漏风量大，风量不稳定、不可靠，往往造成掘进工作面迎头风量不足，不能有效地稀释和排放瓦斯。

（2）掘进工作面及其巷道内瓦斯涌出量大。如果出现停风或微风，积聚或流动的瓦斯很快就会达到爆炸界限。

（3）掘进工作面大多数采用电钻打眼，装药爆破，机电设备较多且频繁移动，管理稍有不善，就可能产生引爆火源。

2. 采煤工作面

（1）采煤工作面上隅角是瓦斯容易积聚的地点，也是最容易发生瓦斯爆炸的地点。

（2）采空区往往积聚大量瓦斯，特别是放顶煤开采时，高冒处的瓦斯很难排出。

（3）采煤工作面需要经常爆破，加之机电设备较多，很容易产生引爆火源。

44. 如何防止瓦斯积聚?

防止瓦斯积聚主要有以下 4 项措施：

1. 加强通风

矿井通风工作是防止瓦斯积聚的基本措施，只有做到供风稳定、连续、有效，才能保证及时冲淡和排除矿井瓦斯。

2. 抽放瓦斯

瓦斯涌出量大，采用通风方法解决瓦斯问题不合理时，或采用正常通风解决瓦斯问题仍达不到要求时，应提前对瓦斯进行抽放。

3. 加强检查

要经常检查井下的通风情况和瓦斯浓度。一定按《煤矿安全规程》（2010 版）规定的检查次数检查瓦斯和二氧化碳浓度。严格执行《煤矿安全规程》（2010 版）中有关瓦斯浓度的规定，严禁空班漏检，认真及时地填写有关日志和记录，发现问题及时汇报并积极处理。

4. 及时处理局部积聚的瓦斯

容易积聚瓦斯的地点有：采煤工作面上隅角、采空区边界、切割中的采煤机附近、顶板冒落空洞内、低风速巷道的顶部、停风的盲巷以及风筒送风达不到的掘进工作面等，发现瓦斯积聚，必须及时采取措施进行排放和处理。

45. 排放瓦斯有哪些规定?

排放瓦斯时，应符合以下安全规定：

1. 排放瓦斯前，必须检查局部通风机及其开关地点附近 10 m以内风流中的瓦斯浓度，其浓度不超过 0.5%时，方可人工开动局部通风机。

2. 排放瓦斯时，经过检查独头巷道回风流与气风压风流混合处的瓦斯浓度，当浓度达到1.5%时，应减少供风量。

3. 排放瓦斯时，严禁局部通风机发生循环风。

4. 排放瓦斯时，独头巷道的回风系统内必须切断电源、撤出人员，禁止人员通行。

5. 二级排放瓦斯工作，必须由通风部门（或救护队）实施，安监部门现场监督，救护队现场值班。

6. 排放瓦斯后，整个独头巷道内风流中的瓦斯浓度不超过1%、氧气浓度不低于20%和二氧化碳浓度不超过1.5%，且稳定30 min后，才可以恢复局部通风机的正常通风。

7. 严禁两个串联工作面同时进行瓦斯排放。应首先从进风方向第一台局部通风机开始。

8. 恢复正常通风后，必须由电工检查电气设备，证实完好方可人工恢复通电。

46. 为什么开采突出煤层要采取“四位一体”综合防突措施?

瓦斯事故仍是煤矿“第一杀手”，重特大瓦斯事故仍时有发生，其中煤与瓦斯突出事故多发，在瓦斯事故中所占比例逐年上升。2006年、2007年、2008年较大以上瓦斯事故中，突出事故起数所占比重分别为26.1%、34.6%、43.4%，死亡人数所占比重分别为24.4%、29.4%、46.8%。重大突出事故，2005年4起，2006年9起，2007年7起，2008年10起。2009年较大以上煤与瓦斯突出事故16起，2009年5月30日，重庆市松藻同华煤矿发生了特大突出事故。严格规范煤与瓦斯突出防治，是当前煤矿安全生产工作的一项紧迫的任务。

煤与瓦斯突出既有危险性，又有突发性，目前在很大程度上具有不可知性，所以要预防和预知它的产生还是难以实现的。在目前技术条件下，要防治突出事故带来的人员伤亡，首先要弄清它发生的地区、范围，再采取必要的可行防治措施，以使其不突然发生，降低突出强度，保证作业人员的安全，必须采取“四位一体”综合防突措施。

“四位一体”综合防突措施指的是：突出危险性预测、防治突出措施、防治突出措施的效果检验和安全防护措施。

（1）突出危险性预测

通过对煤与瓦斯突出危险性进行预测，根据突出危险性预测结果和对突出危险程度的划分，指导选择应采取的不同防突措施，可以使防突措施具有科学性、可靠性和合理性。所以，对煤与瓦斯突出危险性进行预测是“四位一体”综合防突措施的第一个环节。

（2）防治突出措施

防治突出措施按作用范围划分，可分为以下两类：

1）区域性防治突出措施，即能起到大面积防突作用的措施。

2）局部性防治突出措施，即起到局部范围防突作用的措施。

（3）防治突出措施的效果检验

采取防治突出措施后，还要进行措施的效果检验，经检验证实措施有效后，方可采取安全防护措施进行作业；如果经检验证实措施无效，则必须采取防治突出补充措施并经检验证实措施有效后，方可采取安全防护措施进行作业。

（4）安全防护措施

由于煤与瓦斯突出的原因至今仍未清楚，防治突出措施也很难完全彻底有效预防突出的发生。所以，必须具有一整套完善的安全防护措施，在一旦发生突出后，能够保证现场作业人员的生命安全。安全防护措施是“四位一体”综合防突措施的最后一个环节。

47. 为什么要着力构建煤矿瓦斯综合治理工作体系？

“通风可靠、抽采达标、监控有效、管理到位”是煤矿瓦斯治理实践经验的总结，是我们对瓦斯治理规律认识的深化，是针对当前瓦斯治理存在的问题，今后一个时期治理防范瓦斯灾害的基本要求，是把瓦斯治理工作推向新水平的重要举措。为了把煤矿瓦斯治理攻坚战扎实有效地推向深入，有效治理煤矿瓦斯灾害，防范、遏制重特大瓦斯事故，促进煤矿安全生产形势进一步稳定好转，必须着力构建“通风可靠、抽采达标、监控有效、管理到位”的煤矿瓦斯综合治理工作体系。

1. 通风可靠

“通风可靠”指的是系统合理、设施完好、风量充足和风流稳定。

通风是治理瓦斯的基础。因为瓦斯客观存在于煤炭采掘过程中，矿井通风系统可靠稳定，采掘工作面有足够的新鲜风流，瓦斯不聚积、不超限，就不会发生瓦斯事故。所以必须把矿井和采掘工作面通风作为重要的基础性工作来抓，矿井和采掘工作面必须建立可靠稳定的通风系统。

2. 抽采达标

“抽采达标”指的是多措并举、应抽尽抽、抽采平衡和效果达标。

抽采抽放是防范瓦斯事故的重要手段。因为瓦斯治理必须坚持标本兼治，重在治本。通过抽采抽放降低煤层中的瓦斯含量，从根本上治理、防范瓦斯灾害。所以，要加大瓦斯抽采力度，提高抽采率和利用率，努力实现抽采达标。

3. 监控有效

“监控有效”指的是装备齐全、数据准确、断电可靠和处置迅速。

监测监控是防范瓦斯事故的有效保障。监测监控就是利用先进的技术手段，及时掌握井下瓦斯含量和瓦斯浓度，在瓦斯超限等异常情况发生时，及时采取措施，化解风险，杜绝事故。所以，必须做到监测准确，监控有效。

4. 管理到位

“管理到位”指的是责任明确、制度完善、执行有力和监督严格。

管理是瓦斯治理各项措施得到落实的关键。因为管理是企业永恒的主题。管理不到位，再完善的系统、再正确的目标、再先进的装备也难以发挥应有的作用。特别是当前一些煤矿管理松弛，有的小煤矿无章可循、有章不循、三违严重，给瓦斯治理带来极大的危害。所以，必须做到管理到位。

48. 矿尘有哪些危害?

矿尘对人体健康和矿井安全存在着严重危害，主要表现在以下 4 个方面：

1. 对人体健康的危害

长期吸入大量的矿尘，轻者引起呼吸道炎症，重者导致尘肺病。同时，皮肤沾染矿尘，阻塞毛孔，能引起皮肤病或发炎。矿尘还会刺激眼膜。

2. 煤尘爆炸

煤尘在一定条件下可以爆炸，煤尘爆炸是煤矿五大灾害之一。对于瓦斯矿井，发生瓦斯爆炸时煤尘也有可能同时参与爆炸，使爆炸破坏程度加剧。

3. 污染作业环境

矿尘增大，会降低作业场所和巷道的能见度，不仅影响劳动效率，还容易导致误操作、误判断，往往造成作业人员伤亡。

4. 对机械设备的危害

矿尘能加速机械磨损，缩短使用寿命，增加人员对设备的维修工作量。

◎真实案例

1960 年 5 月 9 日 13:45，山西省原大同矿务局老白洞煤矿煤尘积存非常严重，14 号井翻笼附近 3 m 处由于煤尘飞扬，几乎看不见人，100 W 灯泡就像一个小红点。电机车通过该翻笼时因为运行不稳，接电弓与架空线接触不良发生强烈电火花，引爆了煤尘。当时井下共有职工 912 人，经过 6 昼夜抢救，除 228 人脱险外，其余 684 名职工遇难（包括未出井者 110 人）。其中有矿级领导 3 人，科级干部 16 人，整个煤矿惨遭破坏，造成了极其严重的损失。

49. 煤尘爆炸条件是什么？

煤尘必须同时具备以下 3 个条件才能发生爆炸，缺一不可。

1. 具有能够爆炸的煤尘悬浮浓度

煤尘本身有的具有爆炸性，有的不具有爆炸性，一般认为煤的挥发分大于 10%时，基本上属于爆炸性煤尘。爆炸性煤尘根据其爆炸指数的大小来判定爆炸程度的强弱。煤尘本身是否具有爆炸性必须经由国家授权单位进行鉴定。

具有爆炸性的煤尘只有在空气中呈悬浮状态，并且浓度达到 45～2 000 g/m^3 时才能发生爆炸。爆炸威力最强时，煤尘浓度为 300～400 g/m^3。

井下空气中如果有瓦斯和煤尘同时存在，可以相互降低两者的爆炸下限，从而增加瓦斯煤尘爆炸的危险性。

2. 具有点燃引爆煤尘的高温热源

煤尘引爆温度因煤尘性质及所处条件不同变化较大，在正常情况下，煤尘爆炸时的引爆温度为 610～1 050℃，一般为 700～800℃。其引爆火源种类同瓦斯引爆火源种类，在井下作业地点很容易产生。

3. 具有浓度大于 18%的氧气

煤尘爆炸时，空气中氧浓度必须大于 18%，但是即使小于 18%，也不能完全防止瓦斯和煤尘在空气中混合物的爆炸。

◎**真实案例**

2001 年 12 月 27 日 08:20，山东省新汶矿业集团公司汶南煤矿 11310 东面断层切眼掘进工作面，发生一起煤尘爆炸事故，死亡 16 人，受伤 24 人（后又在医院抢救期间死亡 6 人）。

据分析，该事故主要原因是：

(1) 井下使用的乳化炸药抗爆燃性不合格。

(2) 工作面采用防尘措施不得力，对于爆破后近距离（5 m 左右）的降尘和消焰没有发挥应有的作用。

(3) 炮眼没有按作业规程布置，掘进工作面一次装药分次起爆。

(4) 采掘工作面距离太近，同时生产，人员集中造成了事故的扩大。

50. 煤尘爆炸有哪些危害?

煤尘爆炸的危害与瓦斯爆炸相同，只是程度不一样，主要表现在以下 3 个方面：

1. 产生高温

煤尘爆炸产生的气体温度高达 2 300～2 500℃，爆炸火焰最大传播速度为 1 120～1 800 m/s。

2. 产生高压

煤尘爆炸的理论压力为 735.5 kPa。高压产生巨大冲击波（分正向冲击和反向冲击两种），冲击波速度为 2 340 m/s。

3. 形成人量有害气体

煤尘爆炸后形成大量的二氧化碳和一氧化碳，一氧化碳浓度一般为 2%～3%，个别可高达 8%，它是造成人员大量伤亡的重要原因。

◎**真实案例**

2005 年 11 月 27 日 21:22，黑龙江省龙煤矿业集团有限责任公司七台河分公司东风煤矿发生一起特大煤尘爆炸事故，造成 171 人死亡，重伤 8 人，轻伤 40 人，直接经济损失 4 293.1 万元。

◎**真实案例**

1991 年 4 月 21 日 16:05，山西省洪洞县三交河煤矿因工作面停风造成瓦斯积聚，工人打眼试钻产生电火花引起瓦斯爆炸，冲击波扬起全矿巷道积尘，从而造成全矿井矿尘连续爆炸。这次瓦斯煤尘爆炸事故毁坏 530 m 巷道，井下通风设施全部摧毁，摧毁平硐口 4 m，摧垮附近房屋 3.5 间，致使四点班井下 138 人和八点班未出井的 5 人和四点班正准备入井的 4 人，共计 147 人全部遇难，另有地面 2 人重伤、4 人轻伤。

51. 如何降低采掘作业煤尘含量？

煤矿井下生产过程中减少煤尘产生量和避免煤尘飞扬，是防止煤尘爆炸的根本途径。降尘措施主要有以下 7 个方面：

1. 煤层注水

在回采前向煤层打眼注水，通过压力水将煤体预先湿润，以减少开采时产生煤尘。

2. 湿式打眼

使用水电钻打煤眼，以湿润眼内煤尘。

3. 喷雾洒水

对井下集中产尘点进行喷雾洒水，有效地捕获浮尘和湿润落尘。

4. 通风除尘

通风可以稀释和排除作业地点浮尘，防止过量落尘。除尘的关键是控制合理的风速。

5. 净化风流

使井巷中含尘空气通过水幕等设施、设备，将矿尘捕获，减少浮尘。

6. 水封爆破

使用专用水炮泥封堵炮眼，爆破时水的汽化可以降尘。

7. 清除落尘

落尘在受到冲击、震动后会变成浮尘。及时清除巷道底板上、支架上和巷顶巷壁上沉落的煤尘，以免为煤尘爆炸提供尘源。在清除落尘时应使用水冲刷或将落尘湿润后再扫除，切忌用笤帚干扫。

52. 为什么要定期清除积尘？

在煤矿开采过程中，会产生大量煤尘，即使防尘措施做得再好，也难以将煤尘全部带走。有一定量的煤尘沉积在巷道四周、支架和设备器材上，形成积尘，这些积尘一旦受到某种外力冲击，如发生爆炸、冲击地压、爆破、人员行走或风量突然加大等，就会重新飞扬起来，给煤尘爆炸提供了尘源。所以，积尘是煤尘爆炸的重大隐患，必须采取积极措施进行清除。

◎真实案例

1999 年 8 月 24 日 17:00，河南省平顶山市韩庄矿务局二矿由于经营困难拖欠电费，区供电有限公司采取强行停电 10 min，导致全矿停风，采空区内积存的大量高浓度瓦斯涌出，遇到 2504 火区明火，引起瓦斯爆炸；瓦斯爆炸冲击波荡起巷道沉积的煤尘，继而引起煤尘爆炸。据调查，事故发生时明显受到二次冲击波伤害，现场多处出现结焦物。

53. 煤矿尘肺病分哪几种?

矿工长期过量地吸入细微粉尘而引起的以肺组织纤维化为主要症状的职业病叫做尘肺病。尘肺病按致病粉尘岩性可分以下 3 种：

1. 硅肺病

长期过量地吸入含结晶型游离二氧化硅的岩尘可引起硅肺病。

矿工在高浓度的岩尘空气中工作，如果防护不好，一般平均 5～10 年就会得硅肺病，有的短至 2～3 年就会得病。

2. 煤肺病

长期过量地吸入煤尘所引起的尘肺病叫做煤肺病。

煤肺病比硅肺病缓和些，且得病的年限较长，但最终也能使矿工丧失劳动能力。在高浓度的煤尘空气中工作，如果防护不好，一般 10～15 年即可得煤肺病。

3. 煤硅肺病

长期过量地接触煤尘又接触二氧化硅粉尘的矿工，可能得煤

硅肺病。煤硅肺病的病情和得病年限比煤肺病严重得多，兼有煤肺病和硅肺病的特点

54. 有哪些措施防止瓦斯煤尘爆炸灾害扩大?

瓦斯爆炸的突发性、瞬时性，使得在爆炸发生时难以进行救治。因此，防止灾害扩大的措施应该集中在灾害发生前的预备设施和灾害发生时的快速反应。具体的措施有隔爆、阻爆两个方面，即分区通风和利用爆炸产生的高温、冲击波设置自动阻爆装置。灾害预防处理计划的制定，对快速有效的救灾也具有十分重要的意义。

1. 分区通风

分区通风是防止灾害蔓延扩大的有效措施。利用矿井开拓开采的分区布置，在各个采区之间、不同生产水平之间、矿井两翼之间自然分割（保护煤柱等）的基础上，布置必要的防止爆炸传播设施，可以实现井下灾害的分区管理。这样，使某一区域发生的灾害难以传播到相邻的区域，从而简化救灾抢险工作，防止灾害的扩大。

2. 隔爆、阻爆装置

当瓦斯爆炸发生后，依靠预先设置的隔爆装置可以阻止爆炸的传播，或减弱爆炸的强度、减小爆炸的燃烧温度，以破坏其传播的条件，尽可能地限制火焰的传播范围。

（1）岩粉阻隔爆炸的蔓延

岩粉是不燃性细散粉尘，定期将岩粉撒布在积存煤尘的工作面和巷道中，可以阻碍煤尘爆炸的发生和瓦斯煤尘爆炸的传播。

撒布的岩粉要求与煤尘混合，长度不少于 300 m，使不燃物含量大于 80%。岩粉棚是安装在巷道靠近顶板处的若干组台板，每块台板上存放大量岩粉。发生爆炸时，冲击波将台板摧垮使岩粉弥漫于巷道中，吸收爆炸火焰的热量及惰化空气，阻碍爆炸的传播。

（2）用水预防和阻隔爆炸

在巷道中架设水棚的作用与岩粉棚的作用相同，只是用水槽或水袋代替岩粉板棚。要求每个水槽的容量为 40～75 L，总水量按巷道断面计算不低于 400 L/m²，水棚长度不小于 30 m。岩粉的缺点是易受潮结块，需要经常更换，成本较高，国内外现在广泛使用水代替岩粉隔爆。水的比热容比岩粉高 5 倍，汽化时吸热并能降低氧气的浓度，在爆炸的作用下比岩粉飞散快，隔爆效果较好。

（3）自动式防爆棚

使用压力或温度传感器，在爆炸发生时探测爆炸波的传播，及时将预先放置的水、岩粉、氮气、二氧化碳、磷酸钙等喷洒到巷道中，从而达到自动、准确、可靠地扑灭爆炸火焰，防止爆炸蔓延的目的。常用的有自动水幕等。

3. 编制矿井灾害预防和处理计划

《煤矿安全规程》（2010 版）规定："煤矿企业必须编制年度灾害预防和处理计划，并根据具体情况及时修改。灾害预防和处理计划由矿长负责组织实施。煤矿企业每年必须至少组织 1 次矿井救灾演习。"针对可能发生的井下灾害，预先编制处理计划是防止灾害扩大、及时抢险救灾的主要方法。

矿井灾害预防和处理计划针对煤矿易发生的各类事故，提出事故预防方案、措施和对事故出现的影响范围及程度的分析、事故处理的相关措施和人员的疏散计划。具体内容包括以下 7 个方面：

（1）矿井可能发生灾害事故地点的自然条件、生产环境和预防的事故性质、原因和预兆。

（2）预防可能发生的各种灾害事故的技术措施和组织措施。

（3）实施预防措施的单位和负责人。

（4）安全迅速撤离人员的措施。

（5）矿井发生灾害事故时的处理方法和措施。

（6）处理灾害事故时的人员组织和分工。

（7）有关矿井技术资料和图纸。

55. 矿井火灾有哪些特点?

煤矿井下火灾比地面火灾危害更大。除了与地面火灾一样烧伤人员、烧毁设备和煤炭资源以外，还具有以下特点：

1. 由于煤矿井下空间有限，发生火灾时井下人员难以躲避，机械设备难以搬移，煤炭资源固定不动，因而造成的人员伤亡和国家财产、资源损失较一般地面火灾更为严重。

2. 由于煤矿井下巷道空气有限，发生火灾时往往因缺氧产生二氧化碳和一氧化碳。这些有害气体很难稀释和排除，蔓延时间长，波及范围大，受害面广。在火灾造成的高温气流所经过的巷道中，会使人员中毒死亡。

3. 井下火灾特别是内因火灾，很难及早发现，也不易找到火源准确地点，有时发火点还难于接近。灭火救灾困难，火灾延续时间长，有的延续几个月甚至若干年，难以扑灭。

4. 井下发生的火灾，还可能成为引发瓦斯和煤尘爆炸的火源，一旦引起瓦斯、煤尘爆炸事故，其后果更加惨重。用水灭火时还可能引发水煤气爆炸，使矿井灾害增大。

5. 发生在井下倾斜巷道的火灾，还可能产生局部火风压造成风流逆转，使火焰和高温烟雾出现在发火点的进风侧或一些旁侧风流中，使灾情扩大，给救灾工作造成困难和危险。

6. 矿井火灾会烧毁矿井通风设施，使矿井通风系统紊乱，造成瓦斯积聚超限；火灾还会烧毁电气设备和电缆，造成提升和排水中断、通风停止，影响矿井安全生产和工人生命安全。

7. 矿井火灾有时需要封闭火区处理，将会冻结煤炭的可采储量，严重影响矿井、采区的正常生产秩序。恢复生产时，需要启封火区。启封火区非常困难且危险性相当大。

◎真实案例

1990 年 5 月 8 日 11:35，黑龙江省鸡西矿务局小恒山煤矿在井下安装带式输送机，用气焊切割钢板时，飞溅火花引燃作业点附近残留的胶沫、胶条，由于灭火措施不力，导致胶带着火。井下工人无自救器，致使灾情扩大，人员伤亡严重。总工程师和机电副总工程师带领 9 名救护人员入井探险，没有认真执行《矿山救护队工作条例》，因井下火风压反风造成 3 名队员和二位领导遇难。这起特大火灾事故共死亡 80 人。

◎真实案例

2010 年 1 月 5 日 12:05，湖南省湘潭市湘潭县立胜煤矿发生一起特别重大火灾事故。据初步分析，这起事故的直接原因是：该矿暗立井中的电缆短路起火，并引燃木支护和周边煤层，产生大量有害气体，致使34名作业人员中毒窒息死亡。

56. 矿井火灾分为哪几类？

矿井火灾是指发生在矿井井下各处的火灾以及发生在井口附近的地面火灾。矿井火灾是煤矿五大自然灾害之一，对煤矿安全生产威胁极大。

1. 外因火灾，它是指由于外来热源引起的火灾。如：

（1）明火：吸烟、使用电炉或大功率灯泡及电焊、气焊等。

（2）违章爆破：明火、动力线爆破、炮泥不足或炸药变质。

（3）机械摩擦或撞击：带式输送机托辊过热、采掘机械截割夹石及顶板等。

（4）电气设备失爆、电路短路及漏电。

（5）瓦斯、煤尘爆炸。

◎真实案例

1961年3月16日16:58，辽宁省抚顺胜利煤矿因矿井西部－280 m水平水泵房高压配电室二号电容器爆炸，发生火灾事故。可燃物猛烈燃烧产生大量烟流、杂物和有害气体窜入采区，致使采区内作业人员被熏倒、窒息和一氧化碳中毒，共计死亡110人，重伤6人，轻伤25人。事故中烧毁电缆1万米，机电设备170台件，火药3 t，雷管10万发，封闭采煤工作面420 m，绞车道2条，回风道2条。

2. 内因火灾，是指煤由于自身发生物理化学变化而自燃引起的火灾。内因火灾主要发生在采空区。

◎**真实案例**

1975 年 4 月 27 日 02:00，安徽省马鞍山矿竖井－90 m 煤巷在开凿与老火区贯通的立眼时，没有制定启封火区安全技术措施，煤层自然发火，引起老火区塌落，在立井出现煤油味进而冒烟的情况下，为了降温，错误地开动了主要通风机，使矿井风量骤增，助长了火势。后又在没有撤人的情况下盲目停止主要通风机，使井下风量骤减，风流紊乱，造成一氧化碳中毒死亡 35 人、轻伤 12 人的恶劣后果，同时报废巷道 350 m，投产时间推迟 10 个月，经济损失近百万元。

◎**真实案例**

2010 年 3 月 15 日 20:30，河南省郑州市新密市东兴煤业有限公司主井西大巷电缆发生着火。当班下井 31 人，其中 6 人安全升井，25 人被困井下。经抢救，截至 16 日凌晨 2 时，25 名被困矿工全部遇难。火灾源于井下电缆线起火，产生大量一氧化碳，该矿 25 名遇难矿工均未配自救器，矿工吸入后迅速昏迷导致死亡。

57. 煤炭自燃有哪几个发展阶段?

煤炭自燃的发生，一般要经过以下 3 个发展阶段：

1. 低温度氧化阶段（潜伏期）

煤在常温下能吸附空气中的氧，在煤的表面生成一些不稳定的初级氧化物，其氧化放热量很少，煤的温度不会升高，但内部却在发生质的变化，在煤的潜伏期内表现出煤的重量略有增加，化学活性增强，着火温度降低。

2. 自热阶段（自热期）

经过低温氧化阶段，煤被活化，煤的氧化速度加快，氧化放热量增大，煤温逐渐升高，此阶段叫做自热阶段。在煤的自热期内空气中的氧含量减少，一氧化碳和二氧化碳含量增加，当达到临界值温度（60～80℃）时，开始出现特殊的火灾气味，如煤油味、焦油味等。

3. 自燃阶段（自燃期）

燃烧阶段是煤从低温氧化发展到自燃的最后阶段。在煤的自燃期内，空气中的氧含量显著减少，二氧化碳含量剧增，并产生更多的二氧化碳，在巷道内出现浓烈烟雾，有时还出现明火现象。

58. 如何确定自然发火隐患？

凡井下出现以下现象之一时，即确定为自然发火隐患。

1. 采空区或井巷风流中出现一氧化碳，其发生量呈上升趋势，但未达到自然发火临界指标。

2. 风流中出现二氧化碳，其发生量呈上升趋势，但尚未达到自然发火临界指标。

3. 煤炭、围岩、空气及水的温度升高，并超过正常温度，但尚未达到70℃。

4. 风流中氧浓度降低，且呈下降趋势。

59. 煤的自燃倾向性划分为哪几级？

煤的自燃倾向性是用来区分和衡量不同煤层发火危险程度的

一项重要指标，也是对矿井煤层自然发火采取不同的针对性措施进行有效管理的主要依据。

目前，我国煤矿采取以每克干煤在常温（30℃）常压（1.0133×10^5 Pa）条件下的吸氧量作为煤的自燃倾向性分级主要指标，将煤的自燃倾向性划分为以下三级：

1. 自燃等级Ⅰ级：自燃倾向性为容易自燃。常温常压条件下，高硫煤、无烟煤的吸氧量大于或等于1.00 $cm^3/g_{干煤}$，褐煤、烟煤类≥0.71 $cm^3/g_{干煤}$。含硫＞2.00％。

2. 自燃等级Ⅱ级：自燃倾向性为自燃。常温常压条件下，高硫煤、无烟煤的吸氧量大于0.81 $cm^3/g_{干煤}$和小于1.00 $cm^3/g_{干煤}$，褐煤、烟煤类为0.41～0.70 $cm^3/g_{干煤}$。含硫≥2.00％。

3. 自燃等级Ⅲ级：自燃倾向性为不易自燃。常温常压条件下，高硫煤、无烟煤的吸氧量小于或等于0.80 $cm^3/g_{干煤}$，褐煤、烟煤类≤0.40 $cm^3/g_{干煤}$。含硫＜2.00％。

煤的自燃倾向性鉴定单位必须是国家授权单位。鉴定结果报省（自治区、直辖市）负责煤炭行业管理部门备案。

60. 有哪些情形时认定为“自然发火严重，未采取有效措施”？

自然发火危险矿井几乎在所有矿区都存在，因自燃破坏的煤炭资源，每年造成的经济损失达数十亿元。仅1999年全国共有87个大中型矿井因自然发火封闭火区315处，不但造成了严重的煤炭资源浪费，打乱了正常的生产衔接计划，还威胁着井下作业人员的人身安全。

但是，煤自然发火与外因火灾相比，具有发生、发展缓慢并有规律的演变过程，既可以采取有效措施及时发现它的存在，又可以采取有效措施及时中断它的形成和防止它的扩大。所以，自然发火严重必须采取有效措施。

根据国家安全生产监督管理总局、国家煤矿安全监察局制定的《煤矿重大安全生产隐患认定办法（试行）》，有下列情形之一的，都认定为“自然发火严重，未采取有效措施”：

1. 开采容易自燃和自燃的煤层时，未编制防止自然发火设计或未按设计组织生产的。

2. 高瓦斯矿井采用放顶煤采煤法，采取措施后仍不能有效防治煤层自然发火的。

3. 开采容易自燃和自燃煤层的矿井，未选定自然发火观测站或者观测点位置并建立监测系统，未建立自然发火预测预报制度，未按规定采取预防性灌浆或者全部充填、注入惰性气体等措施的。

4. 有自然发火征兆没有采取相应的安全防范措施并继续生产的。

5. 开采容易自燃煤层未设置采区专用回风巷的。

61. 放顶煤开采容易自燃和自燃的厚及特厚煤层为什么容易自然发火？

采用放顶煤开采厚及特厚煤层时，主要受以下因素影响，容易发生自然发火：

1. 由于回采率较低，采空区内遗煤较多，为自然发火提供了大量的可燃性碎煤。

2. 由于放顶煤开采造成工作面顶板活动加剧，顶板冒落带高度增大，采空区往往不能及时冒落严密，为采空区漏风提供了条件。

3. 放顶煤开采比其他采煤方法推进速度慢，不能使采空区氧化自燃带很快甩入窒息区；同时，放顶煤开采采空区空间大，区内空气流动较慢，为采空区氧化自燃提供了良好的蓄热环境。

所以，《煤矿安全规程》（2010 版）中规定，采用放顶煤采煤法开采容易自燃和自燃的厚及特厚煤层时，必须编制防止采空区自然发火的设计。

62. 人体如何感觉煤炭自燃？

人体感觉煤炭自燃的方法有以下 4 个方面：

1. 视力感觉

煤炭从氧化到自燃初期生成水分，往往使巷道内温度增加，出现雾气或在巷壁挂有平行水珠；浅部开采时，冬季在地面钻孔中或塌陷区内发现冒出水蒸气或冰雪融化的现象；井下两股温度不同的风流汇合处还可能出现雾气。

2. 气味感觉

煤炭从自热到自燃过程中，氧气产物内有多种碳氢化合物，并产生煤油味、汽油味、松节油味或焦油味等气味。现场经验证明，当人们嗅到焦油味时，煤炭自燃就已经发展到一定程度了。

3. 温度感觉

煤炭从氧化到自燃过程中要放出热量，因此从该处流出的水和逸散的空气温度要比平常高，煤壁温度也比其他地点煤壁温度高。

4. 疲劳感觉

煤炭氧化、自热和自燃都会释放出二氧化碳和一氧化碳等气体，这些有害气体会使人感到头痛、闷热、精神不振、不舒服，产生疲劳感觉，特别是群体发生以上感觉时更说明煤炭已经发生自燃。

63. 当井下发现火灾时应注意哪些安全事项?

当井下发现火灾时，应注意以下安全事项：

1. 任何人发现井下火灾时，都应根据火灾性质、灾区通风和瓦斯情况，立即采取一切可能的方法进行直接灭火，以控制火势。

2. 迅速报告矿调度室。

3. 矿调度室或现场区队、班组长应根据“矿井灾害预防和处理计划”中的有关规定，将所有可能受火灾威胁地区的人员撤离，并组织人员进行灭火救援。

4. 当电气设备着火时，应首先切断其电源，在切断电源前，只准使用不导电的灭火器材进行灭火。

5. 在抢救人员和灭火过程中，必须指定专人检查通风瓦斯情况并制订防止爆炸和人员中毒的安全技术措施。

64. 火区熄灭条件是什么?

火区同时具有下列条件时，方可认为火已熄灭：

1. 火区内的空气温度下降到30℃以下，或与灾前该区日常温度相同。

2. 火区内空气中的氧气浓度下降到5%以下。

3. 火区内空气中不含有乙烯、乙炔，一氧化碳浓度在封闭期间内逐渐下降，并稳定在0.001%以下。

4. 火区流出水的温度在25℃以下，或与灾前该区的日常出水温度相同。

5. 上述4项指标持续稳定时间不得少于1个月。

65. 火区的启封应注意哪些安全事项?

火区的启封，根据《煤矿安全规程》（2010版）规定，应做到：

1. 启封已熄灭的火区前，必须制定安全措施。

2. 启封火区时，应逐段恢复通风，同时测定回风流中有无一氧化碳。发现复燃征兆时，必须立即停止向火区送风，并重新封闭火区。

3. 启封火区和恢复火区初期通风等工作，必须由矿山救护队负责进行，火区回风流所经过巷道中的人员必须全部撤出。

4. 在启封火区工作完结后的3天内，每班必须由矿山救护队检查通风工作，并测定水温、空气温度和空气成分。只有在确认火区完全熄灭、通风等情况良好后，方可进行生产工作。

66. 矿井透水预兆是什么?

井下发生透水事故前，一定都会出现某些预兆。《煤矿安全规程》中规定，发现透水预兆时，必须停止作业，采取措施，立即报告矿调度室，发出警报，撤出所有受水害威胁地点的人员。

矿井透水主要预兆是：

1. 煤壁“挂红”

矿井水中含有铁的氧化物，渗透到煤壁呈暗红色水锈。

2. 煤壁“挂汗”

采掘工作面接近积水区时，水由于压力渗透到煤壁形成水珠，特别是新鲜切面潮湿非常明显。

3. 空气变冷

采掘工作面接近积水区时，气温骤然降低，煤壁发凉，人有阴凉的感觉。

4. 出现雾气

当巷道内气温较高，积水渗透到煤壁后，由于蒸发形成雾气。

5. “嘶嘶”水响

井下高压积水向煤（岩）裂隙强烈挤压时与周围煤（岩）壁摩擦而发出“嘶嘶”水响声，在煤巷掘进时听到此声，说明即将突水。

6. 顶水加大

由于顶板上方水体压力的作用，使顶板出现裂隙，淋水越来越大。

7. 出现臭味

矿井老窑积水中含有硫化氢等气体，采掘工作面接近老窑积水时，会产生臭鸡蛋味。

8. 底板鼓起

底板受承压水（或积水区水）的作用，会出现底板鼓起。有时在底板上产生裂隙出现渗水，甚至出现压力水喷射出来。

9. 水色发浑

断层水和冲击层水常含有泥沙，涌水时水浑浊，多为黄色。

10. 片帮冒顶

顶板和两帮由于受承压含水层（或积水区）的作用，常出现顶板来压、掉渣、冒顶和片帮等现象。

67. 矿井有哪几种水源？

矿井主要有以下两种水源：

1. 地表水源

地表水源主要有降雨和下雪，以及地表上的江河、湖泊、沼泽、水库和洼地积水等。它们在一定条件下都可能通过各种通道进入矿井形成水害，同时还可能成为地下水的补给水源。

2. 地下水源

（1）老窑水

废弃的小煤窑、旧井巷和采空区的积水叫老窑水。老窑水一般静压大，积水多时，常带出大量有害气体，危害性很大。

（2）含水层水

煤系地层中的流沙层、砂岩层、砾岩层等，有丰富的裂隙可以积存水。

（3）断层水

断层面上往往形成松散的破碎带，具有裂隙和孔洞，里面常有积水。

（4）岩溶陷落柱水

石灰岩层长期受地下水侵蚀而形成溶洞，由于重力作用和地壳运动，上部的煤（岩）失去平衡而垮落，使煤系地层形成陷落柱，柱内充填物中常积存大量水。

（5）钻孔水

在煤田地质勘探时打的钻孔，如果封闭不良，孔内常有水积存。

◎**真实案例**

1984年6月2日10:20，河北省开滦矿务局范各庄矿2171综采工作面发生了一起世界采矿史上罕见的透水灾害，奥陶系岩溶强含水层的高压承压水经导水陷落柱溃入矿井，高峰期11 h平均突水量2 053 m^3/min，历时21 h便淹没了一座年产310万t开采近20年的大型机械化矿井。

6月6日15:30涌水突破范各庄矿和吕家坨矿边界，进入吕家坨矿，10日5:55吕家坨矿被淹，一座年产200万t原煤的大型矿井全矿停产。

6月25日16:00林西矿八水平出现渗水，7月21日被迫停产抢险。此时，与林西矿相邻的赵各庄矿和唐家庄矿也面临地下水的严重威胁，处于部分停产状态。

范各庄矿透水后，奥灰水位大幅度下降。使周围20万居民供水中断；地面相继出现17个直径3～23.5 m、深3～12 m的塌陷坑，部分房屋轻微下沉，房瓦松动，墙壁出现裂缝。

68. 煤矿防治水十六字原则是什么?

煤矿防治水十六字原则是指：预测预报、有疑必探、先探后掘、先治后采。它们的含义是：

“预测预报”是指查清矿井水文地质条件，对水害作出分析判断，在矿井透水以前发出预警预报。

“有疑必探”是指对可能构成水害威胁的区域、地点，采用钻探、物探、化探、连通试验等综合技术手段查明水害隐患。

“先探后掘”是指首先进行综合探查和排除水害威胁，确认巷道掘进前方没有水害隐患后再掘进施工。

“先治后采”是指根据查明的水害情况，采取有针对性的治理措施排除水害威胁后，再安排回采。

69. 煤矿防治水五项综合治理措施是什么？

煤矿防治水五项综合治理措施指的是：防、堵、疏、排、截。它们的含义是：

“防”是指合理留设各类防隔水煤（岩）柱。

“堵”是指注浆封堵具有突水威胁的含水层和导水通道。

“疏”是指探放老空水和对承压含水层进行疏水降压。

“排”是指完善矿井排水系统。

“截”是指加强地表水的截流治理。

70. 煤矿透水的基本条件是什么？

煤矿发生透水事故必须有两个基本条件：一是透水的水源，这种水源的水量是很大的，一旦涌入煤矿井巷中，井巷的外流能力或矿井的排水能力小于水量的涌入量；二是透水的通道，即水源涌入井巷必须通过一定的渠道，这种渠道能保证水源的水源源不断地涌入井巷，淹没井巷甚至整个矿井。含水和导水二者缺一不可。

水源主要有大气降水、地表水、地下水和采空区积水。

通道主要有：构造断裂破碎带与接触带，岩溶陷落柱，隐伏露头（天窗）和隔水层变薄区，采空区冒落裂隙带、地面岩溶塌陷坑、封闭不良的钻孔和矿井井筒等。

◎真实案例

2007年8月7日，贵州省毕节地区黔西县举场乡垅华煤矿发生一起透水死亡12人事故，透水地点位于副斜井（全长280 m）距井底70 m处，该处与相邻的废弃矿井采空区相连通，筑有永久封闭。由于下大雨，地面洪水通过临近废弃矿井采空区冲垮封闭后，溃入副斜井井底，透水量约为7 000 m^3。

71. 预防井下水害有哪些措施?

预防井下水害主要采取以下措施：

1. 掌握水情

观测各种地下水源的变化，掌握地质构造位置、水文情况以及小煤窑开采分布范围。

2. 疏水降压

在受水灾威胁和有水害危险的矿井或采区，进行专门的疏水工程，有计划、有步骤地将地下水进行疏放，达到安全开采水压。

3. 探水放水

矿井必须做好水害分析预报，坚持“有疑必探，先探后掘”的探放水原则。

4. 留设防水煤（岩）柱

对于各种水源在一般情况下都应采取疏干或堵塞其入井通道等方式，彻底解决水的威胁。但有时这样做不合理或不可能，因此需要留设一定宽度的煤（岩）柱来阻隔水源。

5. 注浆堵水

将水泥砂浆等堵水材料，通过钻孔注入渗水地层的裂、渗洞、断层破碎带等，待其凝固硬化，将涌水通道充填堵塞，起到防水作用。

6. 构筑防水设施

在井下巷道适当地点构筑防水闸门或预留挡水墙的位置，在水害发生时使之分区隔离、缩小灾情和控制水害范围，确保矿井安全。

72. 预防地面水淹井有哪些措施?

地面水如果有漏水通道与井下巷道相连通，会使矿井发生突然透水，暴雨和山洪连同杂物也可能从井口灌入造成淹井事故。判断是否是地面水为透水源，主要办法就是根据井上下的水样和水量进行分析。

地面水的预防措施主要有：

1. 严禁开采煤层露头的防水煤柱。

2. 容易积水的地点应修筑沟渠排泄积水。沟渠在修筑时应避开露头、裂隙和导水岩层。特别低洼地点不能修筑沟渠排水时，应将其填平压实；如果范围大无法填平时，可建排洪站排水，防止积水渗入井下。

3. 矿井受河流、山洪和滑坡威胁时，必须采取修筑堤坝、泄洪渠和防止滑坡的措施。

4. 排到地面的矿井水，为防止再次通过露头、塌陷区裂隙等处渗入井下，必须采取修建石拱桥（沟渠）等排水措施，将矿井水排出矿区。

5. 流经矿区的河流、冲沟、渠道等，有可能通过裂隙渗入井下时，则应在渗漏地段用黏土、料石或水泥铺底进行堵漏。地面裂隙和塌陷地点必须填塞。当流量大的河道流经矿区，而煤层顶板又没有足够厚度的隔水层时，可将河流改道。

6. 每次降大到暴雨时，必须派人检查地面有无裂隙、老窑陷落和岩溶塌陷等现象，发现漏水必须及时处理。

◎真实案例

2007 年 7 月 28、29 日，河南省三门峡地区普降大雨，降雨 115 mm，造成山洪暴发。29 日 8:40 山洪沿着支建煤矿的铁炉沟河暴涨，造成位于河床中心的原中国铝业公司废弃的铝土矿坑塌陷，洪水通过矿井上部老巷泄入河南省三门峡市陕县支建矿业有限公司东风井，造成淹井灾害。69 人被水围困井下。经全力抢救，8 月 1 日 12:53 全部脱险。

73. 老空积水有什么危害?

老空积水指的是煤矿采空区、老窑和已经报废井巷中积存的地下水。

由于古代的小煤窑和前几年一哄而上的私营小煤矿遍布矿区，以及近代煤矿的采空区及废弃巷道等，这些长期积存保留下来的老空区，贮有大量水源，如果采掘工作面或巷道触及或接近它们，往往造成矿井透水事故或者使矿井涌水量突然增加。

◎真实案例

1998 年 10 月 25 日 17:50，广西壮族自治区合山市和忻城县交界处加马一带属合山市的黄××煤井发生一起透水事故，并造成与之相贯通的属忻城县的谭××煤井同时被淹。这起事故共造成36人死亡，其中黄××煤井死亡23人，谭××煤井死亡13人。直接经济损失120万元。

74. 为什么要进行井下探放水?

井下探放水的重要性可以从以下3个方面理解：

1. 井下探放水是执行煤矿防治水原则的需要。

井下探放水就要先进行探放水，然后再进行采掘活动，这是确保不发生透水事故、保证采掘安全生产的重要措施。

2. 井下探放水是贯彻《国务院关于预防煤矿生产安全事故的特别规定》的需要。

国务院2005年9月3日颁布的《国务院关于预防煤矿生产安全事故的特别规定》中明确规定："有严重水患，未采取有效措施"的属于危及煤矿安全生产的十五种隐患和行为之一，必须立即停止生产，排除隐患。对存在的隐患不排查、不报告、不整改的，下达停产整顿指令，对拒不停产整顿的煤矿和停产整顿逾期不合格的煤矿，则依法予以关闭。国家安全生产监督管理总局和国家煤矿安全监察局又明确规定了"在有突水威胁区域进行采掘作业未按规定进行探放水的""属于有严重水患，未采取有效措施"的五种情形之一。

3. 井下探放水是汲取煤矿透水事故教训的需要。

从近年来发生的煤矿透水事故教训分析，由于地质资料不清，未实施井下探放水措施是主要原因。2007年全国煤矿共发生较大水害和重大水害事故31起，其中23起是未探放水所致，占 74.2%。

◎真实案例

2007 年 7 月 18 日 20:30，湖南省郴州市永兴县金龟镇庙背冲二矿由于煤上山和＋23 m 以上煤平巷没有采取探放水措施，工作面爆破打通采空区，导致老空积水瞬间涌出，使 5 名矿工没有来得及撤离，被淹埋致死；工作面透水冲出的煤矸和坑木撞破了一条带电的煤电钻电缆，电缆短路火花又引爆了工作面瓦斯，导致 1 人被烧伤。

75. 采掘工作面如何做好探放水工作?

1. 采掘工作面必须探水的条件

采掘工作面遇到下列情况之一时，必须确定探水线进行探水：

(1) 接近水淹或可能积水的井巷、老空或相邻煤矿时。

(2) 接近含水层、导水断层、溶洞和导水陷落柱时。

(3) 打开隔离煤柱放水时。

(4) 接近可能与河流、湖泊、水库、蓄水池、水井等相通的断层破碎带时。

(5) 接近有出水可能的钻孔时。

(6) 接近有水的灌浆区时。

(7) 接近其他可能出水地区时。

2. 探放水安全注意事项

探放水时要注意以下安全事项：

(1) 探水前，查明其空间位置、积水量和水压，根据具体情况和有关规定确定探水线。

（2）放水时，要撤出探放水点部位受水害威胁区域的所有人员。

（3）探放水时必须打中老空水体，要监视放水全过程，直至老空水放完为止。

（4）钻孔接近老空，预计可能有瓦斯或其他有害气体涌出时，必须有瓦斯检查工或矿山救护队员在现场值班，检查空气成分。如果瓦斯或其他有害气体浓度超过规程规定时，必须立即停止钻进，切断电源，撤出人员，并报告矿调度室，及时处理。

76. 探放断层水作业有哪些安全注意事项？

探放断层水应注意以下安全事项：

1. 钻进时发现有透水预兆必须停止钻进，但不得拔出钻杆。

在探放水钻孔钻进时，当煤岩出现松软、片帮、来压或钻孔中的水压、水量突然增大以及有顶钻等异常现象时，说明前方已经接近或触及了强含水体，这时如果继续钻进，或将钻杆拔出，极有可能造成更大的出水，乃至难以控制，甚至发生钻杆在拔出的过程中被高压水顶出伤人事故。

2. 在钻孔出现出水异常情况时，现场负责人员应立即向矿调度室报告，并派人监视水情。如果发现情况危急时，必须立即撤出所有受水威胁地区的人员，然后采取措施，进行处理。

3. 探放断层水的钻孔应结合探查断层结构来布置。

在探查断层位置、产状要素、断层带宽度的同时，着重查明断层带的充水情况、含水层的接触关系和水力联通情况、静水压力和涌水量大小，以达到一孔多用的目的。例如，在正断层上盘巷道内，选择合适的地点，向下盘的含水层打钻孔，可以探明下盘含水层的情况。

4. 断层水探明后，应根据水的来源、水压和水量，采取不同措施进行处理。若断层水来自强含水层，则要采取注浆封闭钻孔的方法，选择留设断层煤柱保证开采安全；若已进入煤柱范围的巷道要加以充填或封闭；若断层含水性不强，则可考虑放水疏干。

77. 对矿井排水设备有哪些规定?

矿井排水设备主要有水泵、水管、配电设备、主要泵房和水仓。

1. 水泵：必须有工作、备用和检修的水泵。

工作水泵的能力，应能在 20 h 内排出矿井 24 h 的正常涌水量（包括充填水及其他用水）。备用水泵的能力应不小于工作水泵能力的 70%。工作和备用水泵的总能力，应能在 20 h 内排出矿井 24 h 的最大涌水量。检修水泵的能力应不小于工作水泵能力的 25%。水文地质条件复杂的矿井，可在主泵房内预留安装一定数量水泵的位置。

2. 水管：必须有工作和备用的水管。

工作水管的能力应能配合工作水泵在 20 h 内排出矿井 24 h 的正常涌水量。工作和备用水管的总能力，应能配合工作和备用水泵在 20 h 内排出矿井 24 h 的最大涌水量。

3. 配电设备：应同工作、备用以及检修水泵相适应，并能够同时开动工作和备用水泵。

4. 主要泵房

主要泵房至少有 2 个出口，一个出口用斜巷通到井筒，并应高出泵房底板 7 m 以上；另一个出口通到井底车场，在此出口通路内，应设置易于关闭的既能防水又能防火的密闭门。

泵房和水仓的连接通道，应设置可靠的控制闸门。

5. 水仓

水仓必须有主仓和副仓，当一个水仓清理时，另一个水仓正常使用；水仓的有效容量应能容纳矿井 8 h 正常涌出量。

水仓进口处应设置箅子。

78. 顶板事故有哪些特点?

顶板事故是指在井下建设和生产过程中，因为顶板意外冒落造成的人员伤亡、设备损坏和生产中止等事故。任何一个井下作业人员每时每刻都在和顶板打交道，疏忽了就可能遭受人身伤害。

顶板事故是煤矿五大自然灾害之一。它的特点是：占全国煤矿事故总起数的比例和总死亡人数的比例最高；在特大事故中所占比例较小和一次死亡人数较少。据统计，2007 年全国煤矿顶板事故起数占全国煤矿事故总起数的 53.7%；顶板事故死亡人数占死亡总人数的 40.1%。但是，在重大事故中，顶板事故为 0；顶板事故一次死亡平均人数为 1.17 人。

79. 发生顶板事故的原因是什么?

发生顶板事故主要有以下两个方面的原因：

1. 客观原因

（1）采煤过程中因围岩应力重新分布、采煤方法选择不当和巷道布置位置不合理，所需支承压力大于支护的支撑力，从而造成顶板垮落冒顶事故。

（2）工作面遇到突然出现的地质构造，在正常作业情况之下，因设计时资料不全，也会发生冒顶现象。例如，采煤工作面出现小断层，工作中没注意分析与观察，采取通常的支护方法往往发生冒顶事故。

2. 主观原因

（1）采掘工作面规格质量低劣

控顶距离掌握不当；柱（棚）距过大；插背太少和支柱（架）歪扭、初撑力小。

（2）违章操作

作业时不坚持敲帮问顶；发现隐患不及时排除；空顶作业；违章放炮；冒险回柱作业和随意砸、碰倒支柱（架）。

（3）管理不善

煤矿生产管理不同于其他行业，井下生产条件随时有所变化，生产管理者不深入现场、不带班作业、不严格按三大规程办事，采掘工序安排不当、盲目开采、违章指挥和安全意识差等，常常会造成事故。

80. 预防冒顶的主要措施有哪些？

煤矿冒顶的原因很多，也很复杂，故预防冒顶的措施也是多方面的。一般来说，主要应采取以下 6 项措施：

1. 加强采掘工程质量，严格执行质量标准

严禁空顶作业，严禁在浮煤、矸石上架设支架，所有支架都必须迎山有劲；按《煤矿作业规程》规定严格控制控顶距，不得加大和缩小；炮眼布置、装药量和一次放炮距离都必须按章操作，防止爆破崩倒支架、崩冒顶板；严禁冒险回柱放顶。

2. 坚持顶板管理制度

作业时坚持敲帮问顶，掘进工作面使用前探梁；严格执行岗位责任制、质量验收制、现场交接班制和顶板分析制。

3. 不断提高安全操作技能

要按照《煤矿作业规程》的要求和操作规程的规定进行作业。严禁违章指挥、违章作业，不断提高全体作业人员的操作技能。

4. 充分掌握顶板压力分布的规律

根据顶板压力分布的规律，科学地选择采煤方法，合理地布置巷道位置和确定支架形式，并进行顶板来压的预测预报，做好顶板安全的基础性工作。

5. 特殊条件下要采取有针对性的安全技术措施

采掘工作面遇到托伪顶、过断层、过老巷及地质破碎带等情况时，必须采取有针对性的爆破、支护和回柱放顶等措施，确保安全通过。

6. 加强巷道维修

要根据矿压显现情况，合理安排巷道维修人员，建立巷道维修制度，确保矿井巷道失修率不超过规定，采掘生产巷道畅通无阻。

7. 根据具体情况处理冒顶

当冒顶发生后，处理方法不当可能造成事故扩大甚至伤及处理冒顶人员。所以必须根据冒顶的具体情况和当地实际情况，在确保抢救人员安全的前提下选择处理方法。

◎真实案例

2010 年 3 月 8 日 20:30，新疆维吾尔自治区塔城乌苏市源利煤矿（私营煤矿，生产能力 9 万 t/年，该矿春节期间停产，未经验收）维修采面支护时发生一起冒顶事故，造成 4 人被埋。当班下井 28 人，采面维护 4 人。

81. 发生冒顶有哪些预兆?

发生冒顶主要有以下 10 种预兆，但有时并不全部出现，而仅出现部分预兆现象：

1. 响声

顶板压力急剧增大时，支架或支柱下缩发生很大声响，有时还会出现顶板发生断裂的闷雷声（即煤炮、板炮）。

2. 掉渣

顶板严重破裂时，出现顶板掉渣现象，掉渣越多，说明顶板压力越大。

3. 片帮

冒顶前，煤壁所承受的支撑压力增加，煤变松软，片帮煤比平时增多，甚至还有煤的压出和突出。

4. 裂隙

冒顶到来之前，会出现新的裂隙或使原有裂缝加宽加深。

5. 漏顶

破碎的伪顶或直接顶，在大面积冒落以前，有时会因背顶不严或支架不牢出现漏顶现象。漏顶后，支架棚梁托空，支架松动，当岩石继续冒落时，就会出现大面积冒顶事故。

6. 脱层

顶板将要冒落时，往往出现顶板脱层现象，采用敲帮问顶法不容易发现，当基本顶冒落时，则将发生没有预兆的大面积冒顶或切顶。

7. 淋水

有淋水的顶板，淋水量明显增加；甚至有的原本不淋水的顶板也出现淋水现象。

8. 漏液

顶板来压时发生下沉，使支架载荷迅速上升，单体液压支柱和自移式液压支架安全阀出现自动漏液现象。

9. 变形

由于顶板压力加剧对支架的作用，支架出现歪扭变形现象，甚至难以控制顶板，会立即冒顶。

10. 瓦斯

冒顶时有时瓦斯涌出量会突然增加。

82. 预防掘进工作面迎头冒顶事故有哪些措施?

掘进工作面迎头支架架设时间短，未压上劲，容易被放炮崩倒；人员作业经常在空顶条件下进行；同时受到地质构造变化影响，所以掘进迎头冒顶事故较多。预防掘进工作面迎头冒顶事故主要有以下措施：

1. 根据掘进工作面顶板岩石性质，严格控制空顶距，坚持使用超前支护。

2. 严格执行敲帮问顶。

3. 在地质破碎带或层理裂隙发育区等压力较大处要缩小棚距。

4. 合理布置炮眼和装药量，以防崩倒支架或崩冒顶板。

5. 在掘进迎头往后 10 m 范围内，采用金属拉杆或木拉条把棚子连成一体，必要时还须打中柱以抵抗顶板突然来压和放炮冲击。

83. 有哪些措施预防巷道交叉处冒顶事故?

巷道交叉处控顶面积大，支护复杂，是预防巷道冒顶的重点部位。预防巷道交叉处冒顶事故主要有以下措施：

1. 开岔口应尽量避开原来巷道冒顶范围、废弃巷道和硐室。

2. 必须在开口抬棚支设稳定后，再拆除原巷道支架棚腿。

3. 抬棚材料要选用质量与规格合格的，保证其强度。

4. 当开口处围岩尖角被压坏时，应及时采取加强抬棚稳定性措施。

5. 抬棚上顶空洞必须堵塞严实，空洞高度较大时必须码木垛接顶。在码木垛时，作业人员应站在安全地点，并设专人观察顶板。

84. 根据力学原因可将冒顶事故划分为哪几类?

根据力学原因不同，可将冒顶事故划分为以下 3 类：

1. 坚硬顶板压垮型冒顶

坚硬顶板压垮型冒顶是指采空区内大面积悬露的坚硬顶板在短时间内突然塌落，将工作面压垮而造成的大型顶板事故。

◎真实案例

1999 年 6 月 29 日 11:00，山西省吕梁地区古家岭煤矿西 11 采煤工作面，由于回采以来一直未进行回柱放顶，最大控顶距达十几米。在组织回柱时，顶板第二次发出巨响，并剧烈下沉，发生冒落矸石、煤壁片帮现象。工作面冒顶范围长 25 m、宽 10～15 m、高 5～10 m。将向煤壁和回风平巷口方向逃离的 10 名工人埋压致死，1 人虽被矸石压倒围住，但未压紧，奋力将矸石、煤块扛开，最后脱险。

2. 破碎顶板漏垮型冒顶

破碎顶板漏垮型冒顶是指在采煤工作面某个地点由于支护失效而发生局部漏冒，破碎顶板就有可能从该处开始沿工作面往上全部漏完，造成支架失稳，导致漏垮型冒顶事故。

◎真实案例

1998 年 1 月 18 日 12:50，河南省平顶山市香山煤矿丁 6 采煤工作面存在顶板破碎和支架不稳等重大隐患时，违章放炮，造成工作面局部冒顶，使上部丁 5 采煤工作面采空区大量矸石沿急倾斜（42°～48°）工作面迅速冒落，导致工作面上部空顶，支架受力不均，被急剧下落的矸石摧垮，将工作面上部躲炮的 11 名工人全部压埋致死，1 名工人急速跑到距上风巷口 2 m 处，被强风吹倒后，爬着前行脱险。

3. 复合顶板摧垮型冒顶

复合顶板摧垮型冒顶是指在工作面开采过程中，由于复合顶板的下部软岩下沉，与上部硬岩离层，支架处于失稳状态。一旦遇有外力作用，工作面支架因水平方向的推力而发生倾倒，造成摧垮型冒顶事故。

◎真实案例

1988年11月3日8:20，安徽省淮南矿务局新庄孜矿5104采煤工作面在回柱放顶时，违犯操作规程，在工作面中上部留有51棚未回柱的情况下，上下同时回柱，造成复合顶板压力集中，致使在回撤留下的支柱时发生冒顶，造成3人死亡、1人重伤、1人轻伤。

85. 坚硬难冒顶板有哪些预防冒顶的措施?

坚硬难冒顶板是指直接顶岩层比较完整、坚硬（固)、回柱放顶后不能立即垮落的顶板。坚硬难冒顶板容易发生压垮型冒顶事故。预防坚硬难冒顶板冒顶主要有以下措施:

1. 提前强制爆落顶板

（1）地面深孔爆破放顶

在悬顶区上方相对应的地面打钻至采空区顶板，然后进行扩孔和大药量爆破崩落顶板。

（2）刀柱采空区强制放顶

在刀柱一侧向采空区顶板打垂直于工作面的深孔，进行爆破放顶。

（3）垂直于工作面钻孔强制放顶

在工作面垂直于工作面方向向采空区顶板钻眼爆破。

（4）平行于工作面长钻孔强制放顶

在工作面前方未采动煤层上方顶板打平行于工作面的长钻孔，煤层开采后在采空区装药爆破，或者在煤层采动前爆破。

2. 灌注压力水处理坚硬难冒顶板

通过钻孔向顶板灌注压力水，能有效地软化和压裂顶板，提高放顶效果。注水方法有超前工作面预注水、分层注水、采空区注水、超过工作面应力集中区注水等方法。

◎真实案例

1998 年 8 月 24 日 4:30，山西省长治市沁新煤焦股份有限公司 1207 采煤工作面发生一起压垮性冒顶事故，死亡 12 人，受伤 3 人。

该工作面煤层基本无伪顶，直接顶为块状、坚硬、裂隙不发育的中砂岩，一般厚度 3～5 m，煤层厚度 1.8～2.2 m。8 月 10 日，工作面三角形采空区最大悬顶距离达 9 m，采用爆破强制放顶，顶板仍未完全垮落，形成一道宽 2 m 的人工放顶线。24 日 4:30 进行采煤作业时，工作面中部突然大面积冒顶，造成 15 名作业人员遇难。

86. 破碎顶板有哪些预防冒顶的措施?

破碎顶板是指岩层的强度低、节理裂隙十分发育、整体性差、自稳能力低，并在工作面控顶区范围内维护困难的顶板。破碎顶板容易发生漏垮型冒顶事故。

预防破碎顶板冒顶的措施是减小顶板暴露面积和缩短顶板暴露时间。预防破碎顶板冒顶主要有以下措施：

1. 使用单体支柱时

(1) 及时挂梁或探板，及时打柱；顶板用小板或笆棍插严背实。

(2) 在机组割煤工作面采用“追机”支架的作业形式，以利于及时挂梁、移溜和支护。

(3) 如果煤壁松软，必须全部用木料处理严实。

(4) 采用少装药，每次同时放炮数少，尽量减小放炮对顶板的震动破坏。同时，放炮、回柱和割煤三大工序要相互错开15 m距离，以减小它们对顶板的叠加影响。

(5) 若顶板极度破碎，采用正常支护方式无法控制顶板时，应使用尖枪掏梁窝或打撞楔方法。

2. 使用综采时

(1) 在机组割后及时伸出伸缩梁控制顶板，并将护帮装置伸出逼住煤帮。

(2) 采用超前移架、带压移架的方法。

(3) 若顶板极度破碎，应采用架设临时木托梁、木垛支护顶板，或者在顶梁上铺网护顶。

◎真实案例

2007 年 5 月 30 日 19:50，宁夏回族自治区金贺兰煤业有限责任公司采煤三队 11062 炮采工作面由于顶板破碎，发生片帮漏顶，采用将漏下的煤矸拉空的方法进行维护处理，造成支护上方漏空，支护失去稳定性，导致 20 架支护发生冒顶，死亡 2 人。

87. 复合顶板有哪些预防冒顶的措施?

复合顶板是指煤层的顶板由厚度为 0.5～2.0 m 的下部软岩

及上部硬岩组成，并且它们之间有煤线或落层软弱岩层。复合顶板容易发生摧垮型冒顶事故。预防复合顶板冒顶主要有以下措施：

1. 严禁仰斜开采

采煤工作面应使下端稍落后于上端推进，形成伪俯斜开采，即使顶板下部软岩已经离层、断裂，也不会出现冒落，有效地防止摧垮型冒顶。

2. 运输平巷严禁挑顶掘进

运输平巷是采煤工作面刮板输送机下端头位置，控顶面积大，机头支架反复支撑，复合顶板反复松动，加剧了顶板的离层，如果运输平巷挑顶掘进，使离层断裂的顶板失去了阻力，从而发生冒顶事故。

3. 尽量避免回风平巷、运输平巷与工作面推进方向呈锐角相交。

4. 初采时不要反向推进。

5. 提高支架的稳定性，把采煤工作面支架连成“整体支架”，或者使用戗柱、斜撑抬板，阻止离层断裂岩块向下滑移发生冒顶。

◎真实案例

1985 年 8 月 3 日 14:05，贵州省林东矿务局郭家冲矿二号 2233 采煤工作面，发生一起摧垮型冒顶事故，死亡 7 人，该工作面平均煤厚 2 m，倾角 8°～12°，直接顶为燧石灰岩，厚度为 7～12 m，底板为砂质页岩。

事故当班该工作面正在推过一条老巷，再加上推进速度慢，给顶板离层创造了条件。冒顶发生时顶板压力不明显，没有明显征兆，来势猛，速度快，冒顶范围大（长 18 m×宽 7.2 m×高 6 m），支柱均往煤壁方向倾倒，无折损。

88. 巷道维修和处理冒顶的一般原则是什么？

在巷道维修和处理冒顶时应遵循以下一般原则：

1. 先外后里

先检查冒落带以外 5 m 范围内支架的完整性，有问题先处理好。如果一般范围巷道冒顶，要坚持先处理外面的，再逐渐向里处理，确保操作人员后路畅通。

2. 先支后拆

更换巷道支架时，先打临时支护或架设新支架，再拆除原有支架，以避免巷道因无支架而发生冒顶。

3. 先上后下

处理倾斜巷道冒顶事故时，应该由上端向下端依次进行，以防矸石、物料滚落和支架歪倒砸人。

4. 先近后远

一条巷道内多处冒顶时，必须坚持先处理离安全出口较近的一处，再处理离安全出口较远的一处，以防再次冒顶堵住通道。

5. 先顶后帮

在处理顺序上，必须注意先维护、支撑住顶板，再维护好两帮，确保操作人员安全。

◎真实案例

1990 年 8 月 22 日 2:20，山东省新泰市小港煤矿 5201 采面

第三条带新开门处，由于新开门处选在坡度大（38°）且上下有断层的地点，现场支护质量低劣，造成压力大，支架稳定性差。在当班 4 名工人进行维修处理时，没有观察好顶板，没有对掉落的棚梁采取临时支护，现场作业人员站立位置不当，两递料人员均站在架棚下方，煤壁突然发生片帮推倒新开门处上下六架棚，顶板冒落埋住 4 人，经抢救，1 人重伤，3 人死亡。

89. 处理冒顶有哪几种方案?

根据冒顶的具体条件，处理冒顶有以下 3 种方案：

1. 全断面处理法

全断面处理法即整巷法或一次成巷法，是指沿冒顶范围的两端由外向里，一次架设的新棚子与原棚子断面基本一致。它的优点是可避免多次松动原已破碎的顶板，缺点是进度较慢。当冒顶范围不大，垮落矸石块较小时可采取全断面处理法。

2. 小断面处理法

小断面处理法指的是，如果顶板冒落的矸石非常破碎，采取全断面处理方案不易通过时，可沿煤壁在下部先掘出一条小巷，以此作为临时通风、运输和行人之用，然后再扩大为原断面永久支架。它的优点是处理冒顶进度快，缺点是需要二次支护。

3. 绕道处理法

在冒顶范围很大、冒落高度很大和顶板岩石极不稳定的条件下，采用全断面处理法和小断面处理法相当困难、危险时，可采用开补绕道，然后由绕道向冒落带进行处理的方法。

90. 冒顶处理有哪些特殊施工方法?

冒顶处理要根据冒顶范围、冒落高度、顶板岩性和当时当地的采掘设备等因素而确定最佳施工方法。一般来说，冒顶处理有以下 4 种特殊施工方法：

1. 撞楔法

当冒落范围内仍在冒落顶板岩石，或者一动顶板，碎矸就止不住地往下流，应该采取撞楔法。撞楔法是指将预先制定的楔棍（铁或木）用力撞进冒落的碎矸中，抢救人员在撞楔保护下清除煤矸等物，然后进行支架。

2. 探板法

在冒顶范围不大，顶板没有冒落且矸石暂时停止下落时可采用探板法。这时先观察顶板，加固冒落带附近的支架，然后探木板，木板上方的空隙要背严，在木板保护下清除煤矸等物。

3. 木垛法

当冒落高度较大、原支架基本完整和冒落范围内顶板比较稳定，不再继续冒落矸石时，可采用木垛法。这时在原支架上方码放木料，直至接顶。码木垛时要注意顶要接实背好，防止掉矸，并抵住冒落区周边，以防止片帮掉矸。

4. 搭凉棚法

当冒顶高度不大，顶板岩石不再继续冒落、冒顶范围又不大时，可采用搭凉棚法。这时用 5～8 根长木料搭在冒落区两端完好的支架上，抢救人员在凉棚保护下进行清理煤矸、架棚等工作。架好棚子后，再在凉棚上用木料把顶板接实。

91. 爆破工程的发展历史是怎样的?

火药是我国的四大发明之一，早在汉代已经开始利用硝石、硫黄和木炭制造黑火药，作为火攻武器。

公元 7 世纪我国发明的黑火药，给工程爆破提供了可能。直到 1627 年，匈牙利才将黑火药用于采掘工程，从而开拓了工程爆破。

1831 年毕克佛尔特发明以黑火药为药芯的导火索。

1865 年瑞典人诺贝尔用硝化甘油发明胶质炸药。

1867 年瑞典人诺贝尔制成了以雷汞为起爆药的火雷管，同年又制成了硝化甘油炸药。至此，工程爆破所用的最基本的爆炸材料已经齐全。以硝化甘油炸药为敏化剂的代那买特炸药代替黑火药用于矿山爆破。

我国黑火药的发明，对人类社会文明的发展起到了划时代的促进作用。直到 1 000 多年后，瑞典制成的由硝酸铵、煤和碳氢化合物组成的硝铵炸药，才进入了工业炸药时代，为以后发展硝铵炸药生产奠定了基础。

1891 年发明了梯恩梯，1924 年以梯恩梯为敏化剂的粉状铵梯炸药用于工业爆破。到了 20 世纪，爆炸材料和爆破技术有了新的发展：

1919 年出现了导爆索。

1927 年又在瞬发电雷管的基础上制成了秒延期电雷管。

1930 年发明了无气体半秒延期电雷管。

1946 年制成了毫秒延期电雷管。

1955 年美国发明了铵油炸药，用于矿山爆破。

1956 年库克发明了浆状炸药，当时用雷管不能直接起爆，需加中继起爆药包。

1969 年美国拉特拉斯公司的布鲁姆公布了乳化油炸药的第一个专利。

1970 年美国杜邦公司发明了水胶炸药。

1978 年美国埃列克公司发明了乳化油炸药，用于矿山爆破作业。

进入 20 世纪 70 年代，美国使用低能导爆索、光气导爆管起爆系统；日本使用超声波、电磁波遥控起爆系统；瑞典使用非电起爆系统。

92. 工程爆破在生产建设中有什么重要的地位?

工程爆破在国民经济中占有比较重要的地位。

国家要开采矿山，如金属矿、煤矿、建筑材料和水泥等，都离不开工程爆破；国家要建设，如修筑公路、铁路和水电工程等也离不开工程爆破；城市要建设、发展、扩大，旧的楼房和厂房要拆除、改造等也离不开工程爆破。总之，爆破已经渗透到各行各业，大的到移山填海，小的到人体内结石爆破，都在应用爆破技术。

◎真实案例

1971 年四川省狮子山矿区露天大爆破，一次爆破炸药量达 10 162.22 t；一次爆炸方量达 1 140 万 m^3。

◎真实案例

1992 年广东省三灶机场一次大爆破炸药量达 1.2 万多 t，起爆雷管段数达 60 段。

◎真实案例

2006 年 6 月 6 日 16:00，号称“天下第一爆”的长江三峡工程上游碾压混凝土围堰爆破成功。这次大爆破共爆破 18 万 m^3 混凝土（相当于 400 座 10 层楼）；所用雷管 2 534 万发和环保炸药 191.3 t；全部爆破时间 12.888 s；火工品埋没水中深度达 45 m。

93. 煤矿井下爆破安全的重要性是什么?

煤矿井下爆破是煤矿安全生产的关键环节，直接关系到煤矿安全生产和矿工人身安全，必须按有关规定严肃认真地做好井下爆破作业。

违章爆破作业主要有以下5个方面的危害：

1. 直接由井下爆破作业本身造成的事故，如爆破崩人、炮烟熏人，爆破崩倒支架造成冒顶埋人等。据统计，1949—1995年，全国煤矿爆破崩人死亡占煤矿生产事故死亡总人数的3.35％。

◎真实案例

1988年1月14日11:40，江苏省徐州矿务局韩桥矿掘进二区在－330 m水平东翼20514运输巷掘进时，因未设警戒，两位工人进入炮区，途经爆破地点被崩伤，其中一人因伤势过重，经抢救无效死亡，另一人受轻伤。

◎真实案例

1987年3月14日18:18，江苏省徐州矿务局张小楼矿掘进六区－400水平面翼7101工作石穿岩掘进时，炸破崩倒抬棚，冒落一块长1.8 m、宽1.8 m、厚0.6 m的大矸石，将2名工人埋住，其中1人因头部伤势过重，流血过多，经抢救无效死亡。

2. 因爆破而诱发的其他类型事故，如引爆瓦斯煤尘爆炸、引起透水等灾害事故。据统计，1949～1995年全国国有重点煤矿一次死亡3人以上的361起重大瓦斯煤尘爆炸事故中，有108起是爆破引起的，约占50％；2005年全国煤矿59起重特大事故中，由爆破诱发瓦斯煤尘和透水事故占39％。

◎真实案例

2008年8月18日08:50，辽宁省沈阳市法库县柏家沟煤矿二水平 301 采煤工作面通风管理不到位，造成瓦斯积聚，工作面违章爆破产生明火，发生一起瓦斯爆炸事故。事故当班下井 81 人，事故区域 37 人，经全力抢救，先后抢救出 14 人（其中 2 人经医院抢救无效死亡）。截至 20 日 17 时，该事故已造成 21 人遇难，12 人受伤，尚有 4 人下落不明。

◎真实案例

2007 年 7 月 18 日 20:30，湖南省郴州市永兴县金龟镇庙背冲二矿掘进工作面作业的 6 人则因工作面回煤爆破后约 10 min 发生透水而被困，造成 4 人死亡，1 人失踪，1 人重伤，直接经济损失 157.5 万元。

3. 由于爆破崩坏刮板输送机、崩破电缆、崩歪崩倒支架而影响生产的事故。

4. 爆破造成的振动、噪声及粉尘，对顶板和两帮的稳定及对矿工的身体健康，都带来一定的危害。

5. 火药、电雷管在井下保管不妥，容易发生燃烧、爆炸事故，对矿井安全和工人生命威胁极大。

◎真实案例

2006 年 11 月 12 日 19:40，山西省晋中市灵石县王禹乡南山煤矿井下发生炸药燃烧事故，造成 34 人死亡，直接经济损失 727 万元。

据分析，事故的直接原因是：井下爆炸品材料库违规存放 5.2 t 化学性质不稳定、易自燃的含有氯酸盐的铵油炸药，由于库内积水潮湿、通风不良，加剧了炸药中氯酸盐与硝酸铵分解放热反应，热量不断积聚导致炸药自燃，并引起库内煤炭和木支护材料燃烧。

94. 什么是炸药爆炸的三要素?

爆炸现象指的是，在发生爆炸处，周围压力突然升高，附近物质受到冲击或破坏，同时伴有声、光等效应。根据爆炸产生的原因和特征，爆炸现象可分为物理爆炸、化学爆炸和核爆炸。炸药爆炸是化学爆炸的一种。炸药爆炸时应具备以下 3 个同时并存、相辅相成的条件，称为炸药爆炸的三要素。

炸药爆炸的三要素是：

1. 反应过程的放热性

放热性是化学爆炸反应得以自动高速进行的首要条件，也是炸药爆炸对外界做功的动力基础。例如：1 kg 梯恩梯爆炸时产生的热量能把 2 kg 多的大米做成干饭，因为 1 kg 梯恩梯爆炸时产生的热量是 4.95 kJ，而 1 kg 的大米做成干饭却只需要热量 2 092 J，相当于约 2.4 倍。

2. 反应过程的高速性

高速性是区别于一般化学反应的显著特点，爆炸可在瞬间完成。例如：1 kg 梯恩梯爆炸只需十万分之一秒的时间，而 1 kg 煤能放出 8 953 J 的热量，比梯恩梯约多 1 倍，但其反应时间需要几十分钟，所以煤不具备爆炸的条件。

3. 生成气体的膨胀性

生成大量气体是爆炸的根本条件，气体迅速膨胀将炸药的潜能转变为爆炸的机械能，气体产物是炸药爆炸做功的直接媒介。

95. 炸药化学变化有哪 4 种基本形式?

炸药的化学变化有以下 4 种基本形式，但不是相互独立的，在一定条件下它们可以相互转化。

1. 热分解

炸药在常温下或受热作用时，会发生缓慢的分解并放出热量，这就是热分解。在热分解过程中不产生火、光和声响，不易被发觉，对周围介质也没有破坏作用。热分解速度随温度的升高而加快，伴随着释放更多的能量。

在储存炸药时，热分解不仅使炸药逐渐变质，而且分解过程中还放出热量。如果热量不及时散失，炸药温度就会不断提升，当温度提升到一定值时，就会由热分解转化为燃烧或爆炸。所以，炸药堆放不要过密过多，要注意通风，保持常温，防止炸药因温度和压力过高，导致热分解加快而引起爆炸事故。

2. 燃烧

炸药在火焰或热作用下可能引起燃烧。燃烧速度一般比较慢，它受爆炸条件，特别是压力的影响最大，当燃烧生成的气体或热量不能及时排出时，可能导致炸药爆炸。

所以，要注意改善炸药的通风条件，防止炸药在密闭条件下燃烧；一旦发生燃烧，切不可用泡沫灭火器或用砂土覆盖法灭火，应用水直接灭火，以防温度继续增高、燃烧转化为爆炸。

3. 爆炸

当炸药受到足够的爆炸能作用时，会发生猛烈的化学反应。该反应以一种冲击波的形式传递能量，传播的速度极快，产生的压力极大。

所以，在使用炸药时，要给予足够的爆炸能，确保炸药稳定爆炸，以避免发生半爆或拒爆现象。

4. 爆轰

爆轰是指炸药化学变化的反应速度最高且保持恒定的爆炸，是炸药爆炸的良好状态和形式。爆轰速度可达 2 000～9 000 m/s，产生压力可达数十亿甚至数百亿帕。

工业上应用炸药，主要是利用它的爆轰特性。反应速度较低且变化不定的爆炸叫做不稳定爆炸，这种爆炸炸药不能全部参与反应。不稳定爆炸在井下爆破中常导致爆炸后炮烟呛人、炮孔喷火、残孔过长等不良现象，因此必须防止出现这种反应形式。

由以上 4 种反应形式可以看出，促使炸药反应的外界初始能量不同，反应形式也随之改变。因此控制反应条件，可以使其向要求的形式转化。

96. 炸药爆炸时有哪 4 种热力学参数?

炸药爆炸时有以下 4 种热力学参数：

1. 爆热

爆热是指一定量的炸药在爆炸反应时放出的全部热量。其单位是 kJ/kg。工业炸药的爆热值一般在 3 300～5 900 kJ/kg。

爆热是炸药做功的能源，也是决定炸药爆速的重要因素之一。因此，提高爆热可以提高炸药的做功能力，要求合理配制炸药的组成，改善装药条件。

2. 爆温

爆温是指爆炸后爆炸产物在炸药初始体积内达到热平衡时所具有的温度。工业炸药的爆温值一般在 2 300～4 300℃。

爆温越高，炸药膨胀做功的能力越大。所以，在一般情况下，工业炸药要求提高爆温，但在瓦斯矿井中则要求降低爆温，以防引发瓦斯爆炸。在安全炸药中需要加入一定量的食盐作为消焰剂，以达到炸药爆炸时降温的目的。

3. 爆压

爆压是指爆炸后、高温气体向爆炸膨胀做功之前，爆炸产物在炸药初始体积内达到热平衡时，对周围介质造成的静压值。工业炸药的爆压值为（0.22～2.33）$\times 10^4$ MPa。

爆压是形成爆炸所不可缺少的。实践证明，当爆炸反应传播较慢，且周围条件对维持爆炸不利时，如裸露药包爆破或弱性炸药无堵塞爆破等，炸药的爆压将急剧下降，能量损失很大，从而导致爆炸威力降低。

4. 爆容

爆容是指每千克炸药爆炸生成的气体产物，在标准状态下（温度为 0℃，压力为 1.013 3×10^5 Pa）的体积、单位为 L/kg、如梯恩梯的爆容为 740 L/kg。

97. 哪些因素影响炸药的爆速？

爆速是指炸药中爆轰波传播的速度。常用的炸药其爆速一般在 2 500～7 000 m/s。

影响炸药爆速的主要因素有以下 5 个方面：

1. 炸药性能和质量

如果炸药性能较好，如储能量较大、感度较高等，加工质量较好（如干、细、匀），变质程度较低，则爆速高；反之爆速则低。

2. 炸药密度

对矿用单一炸药，适当加大密度，则爆速增高。对矿用混合炸药，由于其中含有大量比较纯的成分，密度过大或过小都不利于传播，只有达到最佳密度，爆速才能提高。硝铵类炸药的最佳密度为 0.95～1.10 g/cm³。

3. 药卷直径

炸药爆速随药卷直径增大而增大；减小药卷直径，爆速将相应降低。只有达到当药卷直径为一定值时，爆速将接近理想爆速。不同的炸药该值也不一样，硝酸铵炸药为 100 mm，此时爆速为2 000～3 000 m/s。

4. 药卷外壳

药卷外壳可以阻止炸药的颗粒抛散，增加爆炸波的强度，所以增强外壳可提高爆速。

5. 起爆能大小

足够的起爆能使爆速迅速达到最大值。如果起爆能过小则降低爆速；过大，爆速也不再提高。

98. 如何降低间隙效应?

炸药传播时的间隙效应是指在炮眼中由于药卷直径小于炮眼直径，孔壁间存在一定间隙，从而出现传爆中断的现象。

间隙效应使炸药传爆稳定性下降，爆轰转变为燃烧或留下不爆药卷，不仅降低了爆破效果，若炸药发生燃烧，还可能引爆瓦斯煤尘或引发火灾。

降低间隙效应的主要措施有以下 4 个方面：

1. 减小间隙，提高钻眼质量，增大药卷直径，采用耦合散装炸药。

2. 改变间隙性质，在间隙中充填水、砂或用双套垫将间隙隔离。

3. 采用爆轰性能好、对间隙效应抵抗力大的炸药，如硝酸铵类混合炸药。

4. 利用炸药药卷的聚能作用。炸药聚能穴的聚能效果越好，药卷的传爆能力越强，故在炮眼中装药时，一定要使聚能穴指向传爆方向。

99. 炸药敏感度包括哪几种形式？

炸药敏感度是指炸药在起爆能作用下激起爆炸的难易程度，简称感度。了解炸药的感度，对于正确掌握起爆方法和保证爆破工程中的安全是十分重要的。

炸药敏感度随起爆能形式的改变而改变，所以按起爆能形式将感度划分为冲击感度、热感度和爆轰感度等三种形式。

1. 冲击感度

冲击感度是指炸药在机械冲击能作用下，产生高温而引起爆炸反应的难易程度。例如，硝化甘油炸药冲击感度为 100%，而 2 号岩石铵梯炸药冲击感度为 20%，硝化甘油炸药冲击感度大，说明安全性差，需要在加工、运输、储存和使用过程中，更加注意防止冲击。

2. 热感度

热感度是指炸药在热能作用下，发生分解、燃烧或爆轰的难易程度。引起爆轰的最低温度反映了炸药热感度的高低。例如，硝化甘油炸药为200～210℃，而硝酸铵类炸药为280～320℃。

3. 爆轰感度

爆轰感度是指在外界爆炸能作用下引起炸药爆炸的难易程度。

爆轰感度通常用药卷的殉爆距离来表示。

对工业炸药而言，要求具有较高的爆轰感度，易于被雷管起爆；同时又要求具有较低的冲击感度和热感度，保证爆炸材料及其在使用中的安全。

100. 什么叫殉爆？

殉爆是指一个药包爆炸后，引起与它不相接触的邻近药包爆炸的现象。首先爆炸的药包引起后爆炸药包的距离叫殉爆距离。殉爆距离决定于首先爆炸的药包的性质和药量、后爆炸药包对冲击波的感度、两药包的介质性质等。例如，梯恩梯殉爆距离为10～13 cm，硝化甘油炸药殉爆距离为＞5 cm，2 号岩石铵梯炸药殉爆距离为3～5 cm。

101. 什么叫猛度？

猛度是指炸药于爆炸瞬间对爆破介质外部做功的强度。它反映了爆炸初始阶段在气体产物高压冲击作用下，与药包直接接触的那部分介质受到破坏的剧烈程度。

猛度主要取决于炸药的爆速，爆速越高，猛度越大。例如，硝化甘油炸药猛度为 22.5～23.5 cm，2 号岩石铵梯炸药为 12 cm。

102. 什么叫爆力?

爆力是指炸药于爆炸瞬间对爆破介质内部做功的强度。它只是炸药实际做功能力的反映，并不是炸药爆炸做功的实际数值。

爆力大小决定于爆炸反应的爆热、爆温和气体产物体积的大小。爆力越大，炸药的爆炸威力越大。例如，硝化甘油炸药为 600 ml，而 2 号岩石铵梯炸药为 320 ml。

103. 什么叫爆破漏斗?

爆破漏斗是指炸药发生爆炸后，在药包与自由面之间形成的类似锥形漏斗的破坏区。在该区域内煤（岩）被破碎抛出。

爆破漏斗半径与最小抵抗线之比叫爆破作用指数，以 n 表示。

根据爆破作用指数 n 值的大小，将爆破形式分为以下两种：

1. 松动爆破

当 $0<n<0.75$ 时叫松动爆破。此时漏斗内的煤（岩）只发生松动、隆起，并没有被抛出。

松动爆破常用于采掘工作面煤体的爆破，既维护顶板不发生塌冒，又使工人装煤劳动强度降低，同时不至于崩坏和掩埋工作面设备、器材。

2. 抛掷爆破

当 $n>0.75$ 时叫抛掷爆破。此时漏斗内的煤（岩）不只是发生松动，而且被抛出。

抛掷爆破又可分为以下 3 种情况：

（1）$0.75<n<1$ 时称减弱抛掷爆破。此时漏斗内的煤（岩）不至于抛出过远，便于装载，有利于工作面平行作业。在岩巷掘进工作面广为采用。

（2）$n=1$ 时称标准抛掷爆破。此时漏斗内的煤（岩）全部抛出，漏斗体积最大，爆破效果最好。在掘进工作面为辅助眼提供第二个自由面，又不崩倒支架。

（3）$1<n<3$ 时称加强抛掷爆破。此时漏斗内的煤（岩）被抛出过远，虽然减小了清理煤（岩）工作量，但不利于装载，容易崩坏支架设备。

104. 炸药的氧平衡有哪几种情况？

炸药爆炸时的化学反应，主要是可燃元素和助燃元素之间发生极其迅速的氧化反应。炸药本身的含氧量与其中的可燃元素完全氧化所需氧量之间的数量关系，称为炸药爆炸反应的氧平衡关系。

炸药的氧平衡有下列 3 种情况：

1. 零氧平衡

零氧平衡是指炸药内含氧量和可燃物充分氧化所需氧量恰好相等。这类炸药称为零氧平衡炸药。

零氧平衡时，氧和可燃元素都得到了充分利用，可燃物被完全氧化，放出的热量最多，做功能力最大，而且不会生成有毒气体。

2. 负氧平衡

负氧平衡是指炸药内含氧量小于可燃物充分氧化所需氧量。这类炸药称为负氧平衡炸药。

负氧平衡时，因含氧不足，可燃元素得不到充分利用，生成游离碳和可燃性一氧化碳有毒气体，生成一氧化碳放出的热量比二氧化碳少得多，而且在高温下与外界的氧反应，能再次燃烧形成二次火焰。此外，剩余的碳成为灼热的碳粒，容易引起瓦斯煤尘爆炸。

3. 正氧平衡

正氧平衡是指炸药内含氧量多于可燃物充分氧化所需氧量。这类炸药称为正氧平衡炸药。

正氧平衡时，炸药中的氧得不到充分利用，且剩余氧和游离碳化合，生成碳氧化合物有毒气体，并吸收热量，使爆炸威力降低。

混合炸药的氧平衡可由其组成和配比来调节，使其接近零氧平衡。为补偿药包纸皮和封蜡氧化所消耗的氧量，一般应稍微偏向正氧平衡。煤矿许用炸药的配比应接近于零氧平衡。

105. 炸药爆炸反应有哪些生成物?

爆炸生成物是指炸药爆炸后生成的新物质，又称为爆炸产物。

爆炸产物以气体为主，主要有一氧化碳、二氧化碳、氢气、一氧化氮、甲烷、氨气、氮气、二氧化硫、二氧化氮、硫化氧和水蒸气等，习惯上称为炮烟。此外也生成少量液体或固体，如水、杂质和金属颗粒等。

在爆炸气体产物中，大部分是对人体有害或有毒的气体。一般工业炸药爆炸产生气体总量约为 350～1 000 L/kg，其中有毒气体含量约为 60～150 L/kg，最有毒的气体是一氧化碳、一氧化氮、二氧化氮、二氧化硫和硫化氢。国家规定用于井下爆破的炸药，其有毒气体产生量按一氧化碳计算不得超过 100 L/kg。

因此，应设法减少和排除爆炸产物中的有毒气体，合理设计炸药的配方、正确选择炸药的种类、保证炸药稳定爆炸，减少有毒有害气体的生成量，同时在爆破后应采取有效的通风措施及时排除炮烟，以减小其危害性。

106. 爆破产生气体对人体有哪些危害?

井下采掘工作面进行爆破作业时，有的爆破工和现场作业人员不等炮烟吹散，就急于进入工作面，往往造成炮烟中毒。一氧化碳、一氧化氮和二氧化氮对人体有以下危害：

1. 一氧化碳

人体吸入含有一氧化碳的炮烟后，一氧化碳会与血色素结合，从而大大降低了血色素的吸氧能力，造成缺氧现象。一般煤气中毒就是一氧化碳中毒，严重时会造成窒息甚至死亡。

2. 一氧化氮和二氧化氮

一氧化氮和二氧化氮都是爆破时炸药爆炸的产物。一氧化氮极不稳定，遇空气中的氧即转化为二氧化氮。二氧化氮是剧毒的气体，它遇水（包括呼吸道的水分）后能生成硝酸，对人的眼睛、鼻、呼吸器官、肺部组织具有强烈的腐蚀作用，特别是会破坏肺组织，引发肺部浮肿。当二氧化氮浓度为0.006%时，短时间会立即出现咳嗽、肺部发痛症状；浓度为0.025%时，可以很快致人死亡。二氧化氮中毒的特点是起初无感觉，经过6～24 h后才出现中毒征兆，中毒患者手指尖和头发发黄。

◎真实案例

2009年5月16日02:15，山西省大同矿务局麻家梁煤矿主立井工程（基建矿井）由中国中煤能源集团所属的中煤第一建设公司十处麻家梁项目部负责施工，施工至380 m时，发生爆破后炮烟中毒、窒息事故，现场中毒17人，送医院后，11人抢救无效死亡，4人重伤，2人轻伤。

107. 爆破作业人员的任职条件是什么?

《煤矿安全规程》（2010版）第315条规定，所有爆破人员必须熟悉爆炸材料性能和本规程规定。爆破人员除了爆破工以外，还包括爆破工作领导人、爆破工程技术人员、爆破段（班）长、安全员、爆炸材料保管员和爆炸材料押运员等。他们在工作中要接触爆炸材料，爆炸材料属于易燃易爆物品，如果不懂得爆炸材料的性能，在操作和工作中就可能失误，引起意外爆炸事故，对矿井安全、人员生命和社会稳定都将造成极大的危害。

爆破作业人员应符合以下条件：

1. 年满18周岁，身体健康，无妨碍从事爆破作业的生理缺陷和疾病。

2. 工作认真负责，无不良嗜好和劣症。

3. 具有初中以上文化程度。

4. 爆破作业人员应参加培训，经考核并取得有关部门颁发的相应类别和作业范围、级别的安全作业证，持证上岗。

108. 爆破工作领导人任职条件与职责是什么?

爆破工作领导人应有从事过 3 年以上爆破工作、无重大责任事故、熟悉爆破事故预防、分析和处理并持有安全作业证的爆破工程技术人员担任。其职责是：

1. 主持制定爆破工程的全面工作计划，并负责实施。

2. 组织爆破业务、爆破安全的培训工作和审查爆破作业人员的资质。

3. 监督爆破作业人员执行安全规章制度，组织领导安全检查，确保工程质量和安全。

4. 组织领导爆破工作的设计、施工和总结工作。

5. 主持制定重大或特殊爆破工程的安全操作细节及相应的管理规章制度。

6. 参加爆破事故的调查和处理。

109. 爆破工程技术人员任职条件与职责是什么?

爆破工程技术人员应持有安全作业证。其职责是：

1. 负责爆破工程的设计和总结，指导施工，检查质量。

2. 制定爆破安全技术措施，检查实施情况。

3. 负责制定盲炮处理的技术实施，并指导实施。

4. 参加爆破事故的调查和处理。

110. 爆破段（班）长任职条件与职责是什么?

爆破段（班）长应由爆破工程技术人员或有 3 年以上爆破工作经验的爆破员担任。其职责是：

1. 领导爆破员进行爆破工作。

2. 监督爆破员切实遵守《爆破安全规程》（GB 6722—2003）和爆炸材料的保管、使用、搬运制度。

3. 制止无安全作业证的人员进行爆破作业。

4. 检查爆炸材料的现场使用情况和剩余爆炸材料的及时退库情况。

111. 爆破员的职责是什么?

1. 保管所领取的爆炸材料，不得遗失或转交他人，不得擅自销毁和挪作他用。

2. 按照爆破指令单和爆破设计规定进行爆破作业。

3. 严格遵守《爆破安全规程》和安全操作细则。

4. 爆破后进行检查工作，发现盲炮和其他不安全因素，应及时上报。

5. 爆破结束后，将剩余的爆炸材料及时退回爆炸材料库。

6. 取得爆破员安全作业证的新爆破员，应在有经验的爆破员指导下实习 3 个月，方准独立进行爆破工作。

112. 爆破安全员任职条件与职责是什么?

安全员应由经验丰富的爆破员或爆破工程技术人员担任，其职责是：

1. 负责本单位爆炸材料购买、运输、储存和使用过程中的安全管理。

2. 督促爆破员、保管员、押运员及其他作业人员按照《爆破安全规程》和安全操作细则的要求进行作业，制止违章指挥和违章作业，纠正错误的操作方法。

3. 经常检查爆破工作面，发现隐患应及时上报或处理。

4. 经常检查本单位爆炸材料库安全设施的完好情况及爆炸材料安全使用、搬运制度的实施情况。

5. 有权制止无爆破安全作业证的人员进行爆破工作。

6. 检查爆炸材料的现场使用情况和剩余爆炸材料的及时退库情况。

113. 爆炸材料保管员的职责是什么？

1. 负责验收、保管、发放和统计爆炸材料，并做好完备的记录。

2. 对无爆破员安全作业证和领取手续不完备的人员，不得发放爆炸材料。

3. 及时统计、报告质量有问题及过期变质失效的爆炸材料。

4. 参加过期、失效、变质爆炸材料的销毁工作。

114. 爆炸材料押运员的职责是什么？

1. 负责核对所押运的爆炸材料的品种和数量。

2. 监督运输工具按规定的时间、路线、速度行驶。

3. 确认运输工具及其所装爆炸材料符合标准和环境要求，包括：几何尺寸、质量、温度、防震等。

4. 负责看管爆炸材料，防止爆炸材料途中丢失、被盗或发生其他事故。

115. 井下爆破工安全职责是什么？

《煤矿安全规程》（2010 版）中规定，井下爆破工作必须由专职爆破工担任。专职爆破工必须经过专门培训，由有 2 年以上采掘工龄的人员担任，并经考核合格，持证上岗。

井下爆破工安全职责有以下内容：

1. 严格执行《煤矿安全规程》（2010 版）、《煤矿工人技术操作规程》《煤矿作业规程》和《爆破安全规程》，认真遵守爆破材料领退制度、运送规定和爆破作业安全要求。

2. 服从领导，听从指挥，遵守劳动纪律，杜绝“三违”行为。

3. 爱护井下安全设施、安全标志和机械设备，不随意拆除安全防护装置，非自己使用的设备、设施不触摸、不开启和关闭。

4. 熟悉爆炸材料的性能，熟练掌握其使用方法。坚持“一炮三检制”和“三人连锁爆破制”，保证爆破作业的安全。

5. 坚持原则，在“三违”面前态度鲜明，行动果断，坚决制止任何人违章作业，拒绝接受任何人违章指挥。

6. 认真学习安全技术知识，提高爆破操作水平。积极参加抢险救灾，掌握自救、互救和现场创伤急救方法。

7. 如实、及时地报告事故。及时反映、处理安全隐患。认真执行交接班制度。

◎真实案例

1990 年 11 月 11 日 03:20，江苏省徐州矿务局韩桥矿韩桥井采煤二区 21116 工作面发生一起因爆破工误爆破班长致死事故。

当时，爆破工在工作面从机尾往机头方向爆破，1 人在材料道设警戒，班长和爆破工在下方设警戒，两人相距 10 m。当爆破到 28 m 时，班长急于喊人做准备工作，在炮点下方 5 m 处遇到已联好炮线的爆破工，便让爆破工暂时停止爆破，让其爬过去再放。正当班长爬到炮点时，爆破工错误地判断班长已爬过炮点，到达了安全地点，即刻爆破，造成班长开放性颅脑损伤，经现场抢救无效死亡。

116. 常用工业炸药如何分类？

1. 按结构成分

单质炸药：TNT 黑索金、硝化甘油、太安等。

混合炸药：常用工业炸药均属此类。

2. 按组成成分

（1）硝酸铵类炸药

1）铵梯炸药：煤矿铵梯炸药、岩石铵梯炸药。

2）廉价炸药：铵油炸药、铵沥蜡炸药、铵松蜡炸药。

3）粉状高威力炸药：铵梯黑高威力炸药、铵梯铅高威力炸药。

（2）含水炸药：浆状炸药、水胶炸药、乳化炸药。

（3）硝化甘油类炸药（胶质炸药）：普通胶质炸药、难冻胶质炸药。

3. 几种常用炸药（见表1）

表1　　常用炸药

铵油炸药	以硝酸铵为主，用柴油和木粉等材料混合制成，有的加上其他可燃物和添加剂后混合制成
硝甘炸药	以硝化甘油为主要爆炸物组成的混合炸药
浆状炸药	以硝酸铵、TNT、炭粉为主要成分加上亲水胶凝剂，使之成为浆糊状态的炸药。其抗水性好
乳化炸药	将燃料油和硝酸盐水溶液混合制成的乳状液体炸药，威力大，抗水性好

117. 铵梯炸药由哪些成分组成?

铵梯炸药的成分组成及其作用如下：

1. 硝酸铵

硝酸铵是铵梯炸药的主要成分，含量一般在65%～85%之间。

硝酸铵是含氧较多的正氧平衡炸药，来源丰富、成本低廉、化学稳定性高，常作为混合炸药的氧化剂。它的缺点是在水中和空气中吸收水分，使炸药硬化结块，感度降低，无法使其起爆。

2. 梯恩梯

梯恩梯在铵梯炸药中含量为7%～18%之间。

梯恩梯化学稳定性较高，机械和热敏感度较低，但爆轰感度较高，爆炸威力大，是一种负氧平衡的猛炸药。用于铵梯炸药可提高其敏感度和爆炸威力，故常作为混合炸药的敏化剂。

3. 木粉

木粉在160℃开始炭化，275℃开始分解，610℃开始燃烧。用于铵梯炸药可作为可燃剂和疏松剂，除了平衡硝酸铵中多余的氧外，还可以阻止硝酸铵结块。

木粉在铵梯炸药中含量一般为3%～6%之间。

4. 石蜡和沥青

石蜡和沥青用于铵梯炸药可作为防潮剂、可燃剂和疏松剂。在铵梯炸药中加入不同比例的石蜡和沥青，即为不同品种的抗水性铵梯炸药。

石蜡和沥青在铵梯炸药中含量一般为0.3%～1%之间。

5. 食盐用于炸药爆炸时，添加在炸药中的食盐被溶化，能吸收爆热，降低爆温，起到抑制爆炸的作用。用于铵梯炸药可作为消焰剂和阻化剂。在铵梯炸药中加入不同比例的食盐，即为不同品种的煤矿许用炸药。

食盐在铵梯炸药中含量一般为14%～21%之间。

118. 爆炸材料如何实施煤矿矿用产品安全标志管理?

为了减少煤矿事故，确保煤矿井下爆炸材料的使用安全，《煤矿安全规程》（2010版）第319条规定，爆炸材料新产品需经国家授权的检验机构检验合格，并取得煤矿矿用产品安全标志后，方可在井下试用。

1. 执行安全标志管理的煤矿爆炸材料、发爆器产品目录

（1）煤矿许用炸药（含：乳化炸药、铵梯炸药、水胶炸药、硝铵炸药等）。

（2）煤矿许用雷管。

（3）煤矿许用导爆索。

（4）发爆器。

2. 关于煤矿许用爆炸材料实施安全标志管理问题

（1）煤矿许用爆炸材料必须实行煤矿矿用产品安全标志管理制度，自 2002 年 7 月 1 日起，全国各类煤矿不得购买和使用没有安全标志的煤矿许用爆炸材料。

（2）煤矿许用爆炸材料生产许可证与安全标志执行统一产品检验标准，即在国家标准基础上，增加抗爆燃和井下可燃性试验内容。

煤矿许用爆炸材料产品质量检验机构经国家煤矿安全监察局授权后，方可作为煤矿许用爆炸材料安全标志产品的检验机构。

（3）煤矿许用爆炸材料生产许可证与安全标志有效期为 3 年。为确保煤矿安全生产，对煤矿许用爆炸材料安全标志将实施企业产品定期检验，检验工作由煤炭工业安全标志办公室负责进行。

（4）煤矿许用爆炸材料安全标志和生产许可证办理程序

1）申请单位办理安全标志和生产许可证时，应同时分别向煤炭工业安全标志办公室和国防科工委民用爆炸材料生产许可证审查部报送有关材料，由煤炭工业安全标志办公室和国防科工委民用爆炸材料生产许可证审查部统一组织产品抽样、检验和生产条件检查工作。产品抽样和检验工作由煤炭工业安全标志办公室负责组织，国防科工委民用爆炸材料生产许可证审查部协助，有关检验机构将检验报告分别报送国防科工委民用爆炸材料生产许可证审查部和煤炭工业安全标志办公室；生产条件检查工作由国防科工委民用爆炸材料生产许可证审查部负责组织，煤炭工业安全标志办公室协助，双方组织联合检查小组按统一评审标准实施，生产条件检查评审报告由检查小组双方负责人签字后有效，并分别报送国防科工委民用爆炸材料生产许可证审查部和煤炭工业安全标志办公室。

2）已取得生产许可证且产品检验完成时间在一年内的产品申办安全标志时，除补充检验抗爆燃和井下可燃性两项安全性指标外，不再重复进行其他检验项目；对于企业生产条件，由煤炭工业安全标志办公室会同国防科工委民用爆炸材料生产许可证审查部进行必要的补查。

119. 矿用炸药的类别和选用注意事项是什么?

炸药是一种易燃易爆的危险品，如果遇到适当的温度、压力等条件，会发生自热、燃烧、爆轰和爆炸现象，对矿井生产和工人安全构成极大的威胁，所以，《煤矿安全规程》（2010 版）规定，井下爆破作业必须使用煤矿许用炸药和煤矿许用电雷管；同时，对选用煤矿矿用炸药提出了明确要求。

1. 矿用炸药的分类

矿用炸药是指适用于矿井采掘工程的炸药。我国的矿用炸药种类很多，一般根据炸药主要组成成分、应用范围和化学成分构成进行分类。

炸药按应用范围和使用条件分类如下：

（1）煤矿许用炸药

煤矿许用炸药又称为煤矿安全炸药或煤矿炸药。

煤矿许用炸药主要有煤矿铵梯炸药（包括抗水煤矿铵梯炸药）、煤矿水胶炸药、煤矿乳化炸药和离子交换型高安全炸药等。

（2）非煤矿许用炸药

非煤矿许用炸药主要有岩石铵梯炸药（包括抗水岩石铵梯炸药）、岩石水胶炸药、岩石乳化炸药和粉状高威力炸药及硝化甘油类炸药等。

2. 煤矿许用炸药的基本要求

（1）在保证爆炸效果前提下，煤矿许用炸药的爆炸能应受到一定的限制，使炸药爆炸的温度和压力符合安全等级要求，以适应瓦斯矿井的需要。

（2）炸药爆炸的化学反应必须是完全的，保证炸药的安全性。

（3）炸药必须接近于零氧平衡，避免爆炸时引起瓦斯、煤尘燃烧、爆炸，或者产生过多的一氧化碳，引起二次火焰。

（4）炸药成分中含有一定量的食盐，起到消焰和阻化作用，抑制瓦斯煤尘爆炸。

（5）炸药中不含易燃物质和其他杂质。

（6）有较好的爆轰感度和传播能力。

3. 煤矿许用炸药的安全等级

（1）低瓦斯矿井的岩石掘进工作面必须使用安全等级不低于一级的煤矿许用炸药。

（2）低瓦斯矿井的煤层采掘工作面、半煤岩掘进工作面必须使用安全等级不低于二级的煤矿许用炸药。

（3）高瓦斯矿井、低瓦斯矿井的高瓦斯区域，必须使用安全等级不低于三级的煤矿许用炸药。有煤与瓦斯突出危险的工作面，必须使用安全等级不低于三级的煤矿许用含水炸药。

4. 炸药选用的注意事项

（1）煤矿铵梯炸药必须严格按照矿井瓦斯的安全等级选用，不得将用于低瓦斯矿井的炸药用于高瓦斯矿井。

（2）含水超过 0.5%的煤矿铵梯炸药不得使用。

（3）有水和潮湿的工作面，必须选择抗水型炸药。

（4）煤矿水胶炸药的安全性高于铵梯炸药，但在使用、保管上应和铵梯炸药同样对待，严格按瓦斯安全等级选用。

（5）要注意炸药爆炸时的检查，如发现药卷出水，要尽快使用；如出水严重，要经过性能检验，再确定是否继续使用。

（6）炸药外皮破损，出现漏药、破乳，使炸药难以发生爆炸，即使发生爆炸，也容易造成爆燃或残爆，使爆破故障增多，同时也达不到爆破工作的要求。

（7）水胶炸药的爆炸性能随温度降低而降低，0℃以下有可能出现残爆或拒爆。因此，水胶炸药药温不宜过低。

（8）严禁使用黑火药和冻结或半冻结的硝化甘油类炸药。

（9）在同一个工作面不得使用两种不同品种的炸药。

120. 煤矿如何选用电雷管？

电雷管是一种利用电流提供爆炸能，直接起爆炸药的一种敏感性极强的易爆危险品，稍有管理不当就可能发生爆炸事故，对矿井生产和工人安全构成极大的威胁，井下爆破作业必须使用煤矿许用炸药和煤矿许用电雷管。

1. 电雷管的分类

电雷管按其起爆间隔时间和性能，可分为以下 4 种，如图 4—1 所示。

（1）瞬发电雷管（见图 4—1a）

瞬发电雷管是指通入足够的电流后，能在瞬间立即起爆的电雷管。一般来说，瞬发电雷管由通电到爆炸的时间间隔不超过 10 ms，无延期过程。

瞬发电雷管又分为普通型和煤矿许用型。普通型可用于无瓦斯工作面，煤矿许用型可用于高瓦斯煤矿或有瓦斯煤尘爆炸危险的采掘工作面和有煤与瓦斯突出危险的工作面。

瞬发电雷管在巷道掘进中只能用于全断面分次爆破。

（2）秒延期电雷管

秒延期电雷管是指通入足够的电流后，以 1 秒、半秒间隔时间延期爆炸的电雷管。

因为它要从其排气孔中喷出火焰和高温气体，成为引燃瓦斯的危险因素。因此，秒或半秒延期电雷管不能用于有瓦斯或煤尘爆炸危险的采掘工作面。

（3）毫秒延期电雷管（见图 4—1b）

毫秒延期电雷管是指通入足够的电流后，以若干毫秒时间间隔延期爆炸的电雷管。

煤矿许用毫秒延期电雷管可用在井下有瓦斯煤尘爆炸危险的工作面。

（4）抗杂散电流电雷管

抗杂散电流电雷管是指具有较好的抗杂散电流能力的电

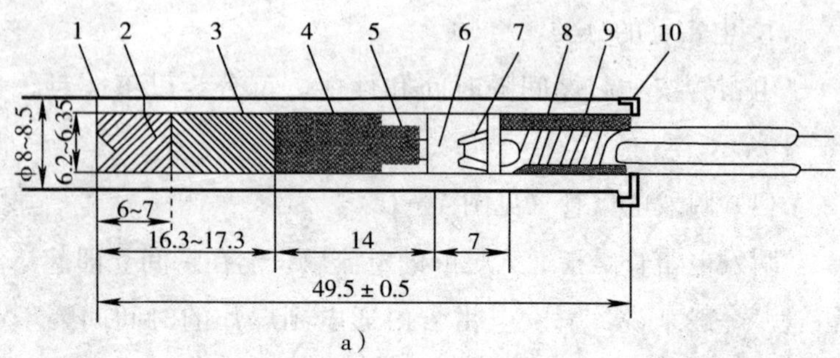

a）

1—纸管壳　2—黑索金（加氯化钾）　3—黑索金　4—二硝基重氮酚

5—加强帽　6—引焰球　7—镍铬比　8—塑料柱　9—脚线　10—铁箍

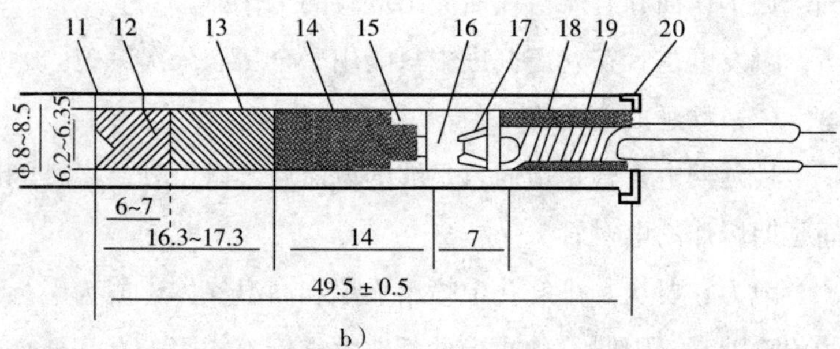

b）

11—脚线　12—塑料塞　13—铜管体　14—引火头　15—铅管延期体

16—扣口　17—加强帽　18—起爆药　19—猛炸药　20—外壳

图 4—1　电雷管结构图

a）煤矿瞬发电雷管　b）煤矿毫秒延期电雷管

雷管。

抗杂散电流电雷管又可分为无阻桥丝抗杂散电流毫秒电雷管和低阻桥丝抗杂散电流毫秒电雷管。

2. 电雷管使用要求

（1）井下爆破作业必须使用煤矿许用电雷管。

（2）在采掘工作面，必须使用煤矿许用瞬发电雷管或毫秒延期电雷管。

（3）使用煤矿许用毫秒延期电雷管，最后一段延期时间不得超过 130 ms。

（4）不同厂家生产的或不同品种的电雷管，不得掺混使用，以免造成部分雷管拒爆。

（5）不得使用导爆管或普通导爆索，严禁使用火雷管。

（6）不得使用脚线裸露、桥丝接触不良、外壳有裂隙的电雷管，避免发生丢炮现象。

（7）如果雷管进水不得使用，因为进水后易发生雷管拒爆。

121. 为什么煤矿许用毫秒电雷管用在井下有瓦斯煤尘爆炸危险的工作面是安全的？

煤矿许用型毫秒电雷管可用于有瓦斯煤尘爆炸危险的采掘工作面、高瓦斯矿井和煤与瓦斯突出矿井。《煤矿安全规程》（2010 版）中规定，使用煤矿许用毫秒延期电雷管时，最后一段的延期时间不得超过 130 ms。因为经测定，在高瓦斯矿井炸药爆炸后，160 ms 时瓦斯浓度为 0.3%～0.5%；260 ms 时瓦斯浓度为 0.3%～0.95%；360 ms 时瓦斯浓度为 0.35%～1.6%，局部地点将更高。而 130 ms 仅为 60 ms 的 1/2 左右，瓦斯浓度比瓦斯爆炸下限少 83%～86%。《煤矿安全规程》（2010 版）又规定，当瓦斯浓度达到 1%时，要停止爆破作业。因而安全系数是足够的，即瓦斯浓度远未达到爆炸浓度，各段毫秒雷管早已爆炸完毕。同时，煤矿许用毫秒延期电雷管不存在从排气孔中喷出火焰和高温气体现象。所以，煤矿许用毫秒电雷管用在井下有瓦斯煤尘爆炸危险的工作面是安全的。

122. 对电雷管使用范围有哪些要求?

电雷管使用范围应符合以下 4 个方面的要求：

1. 井下爆破作业必须使用煤矿许用电雷管。

2. 在采掘工作面，必须使用煤矿许用瞬发电雷管或毫秒延期电雷管。

3. 使用煤矿许用毫秒延期电雷管，最后一段延期时间不得超过 130 ms。

4. 不同厂家生产的或不同品种的电雷管，不得掺混使用。

123. 煤矿毫秒延期电雷管分为哪两种?

煤矿毫秒延期电雷管分普通型和煤矿许用型两种。

普通型毫秒延期电雷管由于金属管壳、加强帽、聚乙烯绝缘脚线包皮等在雷管爆炸时产生灼热碎片和残渣；延期药燃烧时喷出的高温颗粒残渣；副起爆药爆炸时产生的高温火焰等原因，仍有引爆瓦斯的可能性。

煤矿许用型毫秒电雷管是在猛炸药中加入消焰剂，还将延期药装入铅延期体的 5 个细管中并加厚管壁，从而使上述不安全隐患得到有效解决。

124. 为什么爆破作业容易引起瓦斯煤尘爆炸?

煤矿爆破作业引起瓦斯煤尘爆炸的主要原因是爆炸产生的以

下 3 种作用：

1. 冲击波的作用

爆破形成的空气冲击波具有很大的压力，使瓦斯气体温度升高，瓦斯煤尘爆炸浓度界限扩大。

2. 炽热固体颗粒的作用

炸药爆炸时，通常有反应不完全的炽热固体颗粒或燃烧着的固体颗粒飞出，当飞入瓦斯气体混合物介质中时，会继续发生分解反应或被空气介质氧化而燃烧，具有很高的温度，很可能引起瓦斯煤尘爆炸。

3. 高爆炸气温和二次火焰的作用

炸药爆炸时，空气温度高达 1 800～3 000℃，大大超过了瓦斯煤尘的爆炸温度。

所谓二次火焰是指炸药爆炸后，尤其是爆炸不完全时，将产生可燃气体氢气、一氧化碳、甲烷等，与空气中的氧化合后所生成的火焰。二次火焰温度可达 1 600～2 000℃。

◎真实案例

2005 年 10 月 3 日 04:36，河南省鹤壁煤业有限责任公司二矿发生特别重大瓦斯爆炸事故，造成 34 人死亡，19 人受伤（其中重伤 1 人），直接经济损失 801 万元。

据分析，事故的主要原因是打眼工违章施工，验收员不按要求验收，爆破工在炮眼质量不合格的情况下违章爆破，引起附近采空区内积聚的瓦斯爆燃、爆炸。

第五章 井下爆破作业

125. 井下爆炸材料库的布置有哪些规定?

井下爆炸材料库的布置应遵守以下各项规定：

1. 井下爆炸材料库的位置

(1) 库房距井筒、井底车场、主要运输巷、主要硐室以及影响全矿井或大部分采区通风的风门的法线距离不得小于 100 m(硐室式) 和 60 m(壁槽式)。

(2) 库房距行人巷道的法线距离不得小于 35 m(硐室式) 和 20 m(壁槽式)。

(3) 库房距地面或上下巷道的法线距离不得小于 30 m(硐室式) 和 15 m(壁槽式)。

2. 井下爆炸材料库的连接巷道

（1）库房与外部巷道之间，必须用 3 条互成直角的连通巷道相连。

（2）连通巷道的相交处必须延长 2 m，断面积不得小于 4 m^2。在连通巷道尽头，还必须设置缓冲砂箱隔墙，不得将连通巷道的延长段兼作辅助硐室使用。

（3）库房两端的通道与库房连接处必须设置齿形阻波墙。

3. 井下爆炸材料库的出口

每个井下爆炸材料库必须有两个出口。

（1）一个出口供发放爆炸材料及行人。出口的一端必须装有能自动关闭的抗冲击波活门。

（2）一个出口布置在爆炸材料库回风侧。该出口可铺设轨道运送爆炸材料。

出口与库房连接处必须装有一道抗冲击波密闭门。

4. 井下爆炸材料库的防潮

（1）库房地面必须高于外部巷道的地面，库房和通道应设置水沟。

（2）库房不得渗漏水，并采用防潮措施。

5. 井下爆炸材料库的防火

（1）井下爆炸材料库必须砌碹或用非金属不燃性材料支护。

（2）爆炸材料库出口两旁的巷道，必须砌碹或用不燃性材料支护，支护长度不得小于 5 m。

（3）库房必须备有足够数量的消防器材。

（4）井下爆炸材料库必须采用矿用防爆型（矿用增安型除外）的照明设备，电压等级不得超过 127 V。

126. 井下爆炸材料库的最大储存量有哪些规定?

井下爆炸材料库的最大储存量应符合以下规定要求：

1. 井下爆炸材料库的最大储存量，不得超过该矿 3 d 的炸药需要量和 10 d 的电雷管需要量。

2. 每个硐室储存的炸药量不得超过 2 t，电雷管不得超过 10 d的需要量。

3. 每个壁槽储存的炸药量不得超过 400 kg，电雷管不得超过 2 d 的需要量。

4. 库房的发放爆炸材料硐室允许存放当天待发的炸药，但其最大存放量不得超过 3 箱。

127. 井下设立爆炸材料发放硐室有哪些规定?

设立井下爆炸材料发放硐室应符合以下规定要求：

1. 井下爆炸材料发放硐室设立条件

(1) 矿井多水平。

(2) 井下爆炸材料库距爆破工作地点距离大于 2.5 km。

(3) 井下无爆炸材料库。

2. 井下爆炸材料发放硐室设立要求

(1) 爆炸材料发放硐室必须设在有独立风流的专用巷道内，距使用的巷道法线距离不得小于 25 m。

(2) 发放硐室爆炸材料的最大储存量，不得超过 1 d 的供应量，其中炸药量不得超过 400 kg。

(3) 炸药和电雷管必须分开储存，并用不小于 240 mm 厚的砖墙或混凝土墙隔开。

(4) 发放硐室应有单独的发放间，发放硐室出口处必须设有一道能自动关闭的抗冲击波活门。

(5) 建井期间的临时爆炸材料发放硐室必须具有独立的风流。必须制定预防爆炸材料爆炸的安全措施。

(6) 必须建立与井下爆炸材料库相同的管理制度。

128. 爆破材料的发放与清退制度包括哪些内容?

爆炸材料的领退是火工品安全管理的重要环节之一。炸药雷管是易燃易爆品，如果落入其他人员手中，可能引起爆破事故或其他意外，必须严加管理。《煤矿安全规程》(2010 版) 规定，煤矿企业必须建立爆炸材料领退制度。

爆炸材料的领取与清退必须注意以下事项：

1. 根据本班爆破工作量和消耗定额提出爆炸材料的品种、规格和数量，填写三联单，经班组长审批后盖章。

2. 爆破工必须携带爆破合格证和班组长签章的爆破工作指示单到爆炸材料库领取爆炸材料。

3. 领取爆炸材料时，管库工与爆破工要当面点清所支领爆炸材料品种、规格和数量，并盖章或签字。从外观上检查质量和电雷管的编号是否相符。

4. 不经导通、编号的雷管，管库工禁止发放。电雷管实行专人专号，不得遗失、借用或挪作他用。

5. 爆破工必须在爆炸材料库的发放硐室领取爆炸材料，不得携带矿灯进入库内。发放炸药、雷管时，要做到轻拿轻放，严禁摔扔炸药或雷管。

6. 不得领取过期或严重变质的爆炸材料，更不准领取不符合等级要求的炸药和不符合规定标准的电雷管。

7. 爆破工领取的爆炸材料不得遗失，不得转交他人，更不得私自藏匿、丢弃、销毁或挪作他用。

8. 爆破工作完成后，爆破工必须将剩余的、不能再使用的爆炸材料及处理拒爆、残炸后未爆的电雷管收集起来，清点无误后，将本班爆破的炮数、爆炸材料使用数量及缴回数量等，经班组长签章，退回爆炸材料库，再由发放人员签章。三联单由爆破工、班组长及发放人员各保留一份备查。

9. 每次爆破后，爆破工应将使用爆炸材料的品种、数量、爆破工作情况和爆破事故处理情况整理填报爆破记录。

10. 所有接触爆炸材料人员，应穿棉布或抗静电衣服，严禁穿化纤衣服。

129. 往井下运送爆炸器材应注意哪些安全事项?

由于爆炸材料是危险物品，一般人员未经过专业培训、不具备应有的预防知识，或者运输车辆不符合要求，难以有效地防止发生意外爆炸事故。

运送（从井筒内开始，一直到达爆破作业地点）爆炸材料是爆炸材料安全管理的重要环节之一，必须注意以下安全事项：

1. 井筒内运送爆炸材料时应遵守下列规定

（1）由井筒向井下运送爆炸材料时，应先通知绞车司机和井口上下的把钩工做好提升准备。

（2）炸药和电雷管必须分开运送。炸药和电雷管的堆放应符合有关规定要求。

（3）严禁在交接班、上下井人员集中时间运送。

（4）护送人员一定要乘罐笼护送炸药下井，每层罐笼只准搭乘两人。运输炸药的罐笼或吊桶里，除爆破工或护送员外，不准无关人员搭乘。

（5）炸药不准在井口房内存放。炸药下放到井底车场后，应立即运往炸药库或爆破作业地点，不准在井底车场或其他巷道里存放。

2. 井下机车运送爆炸材料时应遵守下列规定

（1）炸药和电雷管不得在同一列车内运送。否则，装有炸药和电雷管车辆必须隔开 3 m 以外。

（2）炸药和电雷管的堆放必须符合有关规定要求。

（3）护送人员应乘坐尾车，且严禁其他人员乘采。

（4）用电机车运输炸药，列车行驶速度不许超过 2 m/s。装炸药或雷管的车辆与电机车之间，要有 3 m 隔开距离。

3. 采用钢丝绳牵引的车辆，在水平巷道或倾斜巷道里运送爆炸材料时，速度不得超过 1 m/s。

4. 严禁用刮板输送机、带式输送机运送爆炸材料。

130. 井下人力运送爆炸器材应注意哪些安全事项？

井下人力运送爆炸材料时应遵守以下各项规定：

1. 电雷管必须由爆破工亲自运送。炸药应由爆破工或在爆破工监护下由其他人员运送。

2. 炸药和电雷管应分别放在两个专用背包（木箱）内，严禁放在衣袋中。

3. 运送爆炸材料时要轻拿轻放，不准用力碰撞和随便扔放药箱。

4. 一人一次运送爆炸材料量不得超过《爆破安全规程》（GB 6722—2003）的下列规定：

（1）同时搬运炸药和起爆材料 10 kg。

（2）拆箱（袋）搬运炸药 20 kg。

（3）背运原装炸药 1 箱 24 kg。

（4）挑运原装炸药 2 箱 48 kg。

5. 不得携带爆炸材料在人群聚集的地方逗留，不得在交接班人员上下井集中时间沿井筒上下，每层罐笼内搭乘的携带爆炸材料的人员最多 4 人，其他人员不得同罐上下。

131. 如何装配起爆药卷？

装配起爆药卷是指把电雷管插入药卷顶部的作业过程。因为电雷管是一种非常容易爆炸的危险物，所以要格外小心。

装配起爆药卷时必须遵守以下 10 个方面的安全规定：

1. 装配起爆药卷必须在顶板完好、支架完整、避开电气设备和导电体的爆破工作地点附近进行，防止顶板掉落矸石砸响电雷管，或者漏电引爆电雷管。

2. 严禁坐在爆炸材料箱上装配起爆药卷，避免电雷管爆炸事故扩大。

3. 不允许提前制作起爆药卷，只能采取现场装配起爆药卷的方法。装配起爆药卷数量，以当时当地需要的数量为限。装配好的起爆药卷应妥善保管，严禁乱扔、乱放。

4. 起爆器不得与电雷管和装配好的起爆药卷混放在一起，以防起爆器漏电引爆电雷管和装配好的起爆药卷。

5. 装配起爆药卷时，必须防止电雷管受振动、冲击、折断脚线和损坏脚线绝缘层，避免电雷管意外爆炸或拒爆。

6. 装配起爆药卷只准爆破工操作，不允许其他人员代替。

7. 从成束的电雷管中抽取单个电雷管时，不得手拉脚线硬拽管体，也不得手拉管体硬拽脚线，应将成束的电雷管顺好，拉住前端脚线均匀用力将电雷管抽出。抽出单个电雷管后，必须将其脚线末端扭结成短路。

8. 电雷管必须由药卷的平头（非聚能穴一端）顶部装入，严禁用电雷管代替竹、木棍扎眼。电雷管必须全部插入药卷内。严禁将电雷管斜插在药卷的中部或捆在药卷上。

9. 一个起爆药卷内只准插入一个电雷管。

10. 电雷管插入药卷后，必须用脚线将药卷缠住，以便把电雷管固定在药卷内，还必须扭结电雷管脚线末端成短路。

132. 采煤工作面炮眼布置有哪些要求?

采煤工作面的合理炮眼布置，是提高爆破效果和改善工作面各项技术经济指标的重要技术措施，也是确保工作面采掘作业人员人身安全的重要途径。采煤工作面炮眼布置应根据顶板完整状况、煤层厚度、倾角、硬度和节理裂隙情况而确定。

合理的炮眼布置应满足以下 7 个方面的要求：

1. 保证在爆破后，达到规定的一次循环进度。

2. 工作面煤壁要保证平整、齐直，不破坏顶煤、底煤，不破坏顶底板的完整性。

3. 不崩倒支架，不崩翻或压住刮板输送机，不崩坏其他机械设备，保证工作面安全生产。

4. 爆破效果好，爆后煤体松动，不需要进行二次爆破。

5. 煤炭破碎均匀，不出现需要二次爆破的大块煤。

6. 崩出的煤炭抛撒距离不远，基本上都堆积在工作面煤壁附近的炮道上和输送机机身上。

7. 炮眼利用率高，降低爆炸材料消耗量，缩短爆破作业时间，减轻工人劳动强度。

133. 采煤工作面炮眼布置有哪几种形式?

1. 采煤工作面炮眼种类

按照炮眼在工作面煤壁所处的位置和在爆破过程中所起的作用不同，采煤工作面炮眼种类共分以下 3 种：

(1) 底眼

底眼是指位于煤层下部的炮眼。

底眼的作用是先将煤层下部的煤抛出，增加自由面，给腰眼和顶眼的爆破创造条件。

(2) 腰眼

腰眼是指位于煤层中部的炮眼，也称为中间眼。

腰眼的作用是进一步扩大底眼掏槽，保证顶眼爆破时对顶板的振动极小。

(3) 顶眼

顶眼是指位于煤层上部的炮眼。

顶眼的作用是将煤沿顶板爆落而不留下顶煤。

2. 采煤工作面炮眼排列形式

在各种技术和地质条件下，根据炮采工作面的采高、硬度、裂隙层理和顶底板岩性质的不同，采煤工作面炮眼排列形式有以下 3 种，如图 5—1 所示。

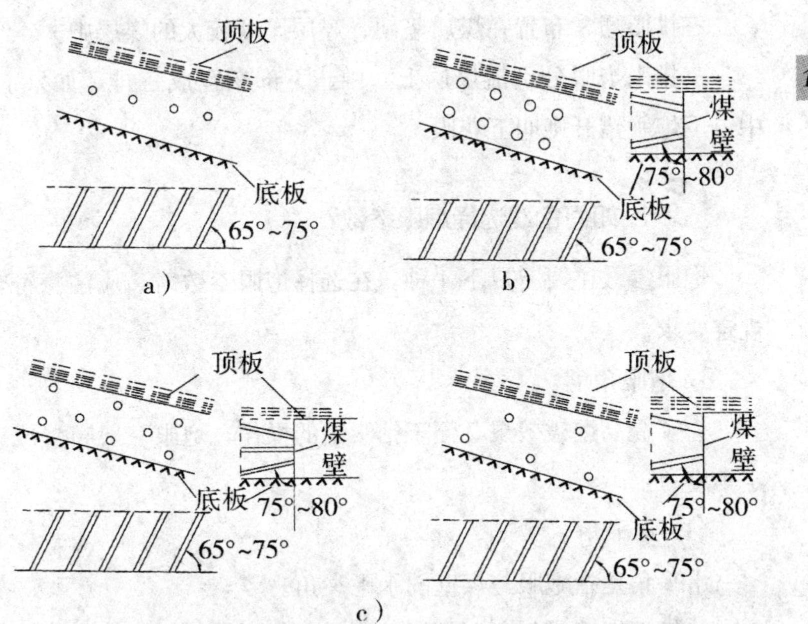

图 5—1　采煤工作面炮眼布置图

a）单排眼布置　b）双排眼布置　c）三花眼布置

(1) 单排眼布置（见图 5—1a）

单排眼通常布置在煤层厚度为 1.0 m 以下的薄煤层或煤质松

软、节理发育、顶板破碎的中厚煤层中。

单排眼炮眼沿煤层中部布置，与煤壁夹角为65°～75°。

（2）双排眼布置（见图5—1b）

双排眼通常布置在中厚煤层或煤质中硬煤层中。

双排眼炮眼分别沿煤层上、下部布置成两排，如果上、下炮眼错开则叫三花眼。

（3）三排眼布置（见图5—1c）

三排眼通常布置在煤质坚硬、煤层厚度较大的煤层中。

三排眼炮眼分别沿煤层上、中、下部布置成三排，如果上、中、下炮眼错开则叫五花眼。

134. 如何合理选择炮眼参数？

炮眼参数主要有以下4种，在选择炮眼参数时，应注意符合规定要求。

1. 炮眼角度

为了提高爆破效果，便于钻眼工的操作，炮眼一般布置成一定角度。

（1）水平角

水平角是指炮眼与煤壁的水平夹角。

一般沿煤层倾斜方向与煤壁成65°～75°。煤层较硬时，可适当减小炮眼水平角；煤层较软时，可适当加大炮眼水平角。

由于绝大多数炮眼都是在一个自由面的条件下爆破，所以，炮眼水平角也不宜过大，否则将降低炮眼利用率，使煤体得不到充分爆破；但炮眼水平角也不宜过小，否则爆破时将大量煤炭抛向采空区，不仅增加人工清扫浮煤工作量，还可能崩倒支架、崩坏设备。

(2) 仰角

仰角是指顶眼与顶板在垂直面上的夹角。

仰角一般取 5°～10°。当顶板较破碎时，顶眼要求平行于顶板。

仰角的作用是将煤层沿顶板崩落，要求既不破坏顶板完整性，又不留有顶煤。

顶眼眼底位置视煤层软硬、煤的粘顶和顶板完整程度而定，可选与顶板距离 0.1～0.5 m。

(3) 俯角

俯角是指底眼与底板在垂直面上的夹角。

俯角一般取 10°～15°。

俯角的作用是将煤层沿底板崩出，要求既不破坏底板完整性，又不丢有底煤。

底眼眼底位置视煤层软硬不同，可选与底板距离 0.2 m 左右。

2. 炮眼眼距

炮眼眼距根据煤层硬度和崩出煤的块度而定。在正常情况下，炮眼眼距与眼深之比为 3∶5 左右。当炮眼深度为 1.2 m 时，眼距应为 0.7 m 左右。

3. 炮眼排距

炮眼排距根据煤层硬度、崩出煤的块度和采高而定。顶眼与顶板距离一般为 0.3～0.5 m；底眼与度板距离一般为 0.2 m 左右。

4. 炮眼深度

炮眼深度根据煤层硬度和顶板完整程度而定。但是，它必须与循环进度、炮眼角度、顶梁长度和工作面装运能力相匹配。在一般情况下，考虑到炮眼利用率，炮眼深度要大于循环进度 0.2 m左右。例如，采用 1.0 m 金属铰接顶梁支护炮采工作面，炮眼深度应为 1.2 m 左右。

135. 如何确定炮眼装药量？

采煤工作面炮眼装药量是指每米炮眼的炸药用量。它是根据煤层硬度、炮眼眼距、炮眼深度而确定的，并与工作面的采高、循环进度有关。

一般采用以下两种方法确定炮眼装药量：

1. 根据循环炸药消耗量确定炮眼平均装药量

$$Q_1=Q/L$$

式中 Q_1——炮眼平均装药量，kg/m；

Q——循环炸药消耗量，kg；

L——循环炮眼总长度，m。

$$Q=IAHRq$$

式中 I——循环进度，m；

A——工作面长度，m；

H——工作面采高，m；

R——煤的容重，t/m^3

q——单位炸药消耗量，kg/t。

$$L=Ni$$

式中 N——炮眼个数，个；

i——炮眼深度，m。

2. 根据装药系数确定炮眼平均装药量

$Q_1 = \alpha p / m$

式中 α——装药系数，即每米炮眼的平均装药长度，一般为0.3～0.5 m；

p——每个药卷的质量，kg；

m——每个药卷的长度，m。

炮眼的平均装药量确定以后，要根据各种类炮眼的作用、顶板情况等进行调整。在一般情况下，腰眼和顶眼的装药量要比底眼的装药量减小。采用双排眼时，顶、底眼的装药量可按（0.5～0.7）∶1.0比例分配；采用三排眼时，顶、腰、底眼的装药量可按0.5∶0.75∶1.0比例分配。

136. 掘进工作面炮眼应符合哪些要求?

掘进工作面合理布置炮眼，正确确定炮眼的数目、深度、角度、位置、眼距及其装药量等参数，是取得良好爆破效果的基础前提。

合理布置炮眼应符合以下要求：

1. 爆破后所形成的巷道断面符合设计要求，保证不欠挖、不超挖，并且保证巷道的方向和坡度符合设计规定。

2. 爆破出来的煤（岩）块度适宜，堆积状况便于装载和运送。

3. 爆破时对巷道围岩振动小，不崩倒支架，有利于巷道维护。

4. 爆破每立方米煤（岩）的炸药和电雷管消耗量低，钻眼工作量小。

5. 炮眼利用率高。

6. 便于采用先进技术和机械装备，能改善工人劳动条件。

137. 如何布置掘进工作面炮眼?

为了获得良好的破煤（岩）效果，应当合理布置炮眼。影响炮眼布置的因素很多，主要有煤（岩）的性质和结构、巷道断面形状和大小、炸药的性能和装药量。

根据掘进工作面炮眼所起的主要作用和所处的位置不同，可将掘进工作面炮眼分为掏槽眼、辅助眼和周边眼三类，如图 5—2 所示。

1. 掏槽眼

掏槽眼在破煤（岩）爆破中所起的主要作用是形成新的、更多的自由面，为之后爆破的其他炮眼提高爆破效果创造有利条件。因此，它对掘进工作面正常进尺起着决定性作用。

由于掏槽眼受到周围煤（岩）体的挤压作用，一般炮眼利用率为 80%左右，故掏槽眼深度要比其他炮眼深度加深 200～300 mm。

常用的掏槽眼按其与工作面夹角不同，分为以下 3 种形式：

(1) 斜眼掏槽

斜眼掏槽是指各掏槽眼与巷道中线和工作面、水平方向成一定角度的形式。

优点：掏槽体积大，形成有效的自由面；炮眼位置容易掌握；爆破效果能够保证。

缺点：如果角度和装药量掌握不好，会崩坏支架和机械设备；抛散煤（岩）距离远，不利于清道和装载。

斜眼掏槽主要应用在断面大于 4 m^2、循环进尺小于 2 m 的爆破中。

(2) 直眼掏槽

直眼掏槽是指各掏槽眼与工作面垂直的形式。

优点：炮眼互相平行，便于多台钻机平行作业；抛散煤(岩) 距离近，利于清道和装载；不易崩坏支架和机械设备。

缺点：眼距、质量不易掌握；装药量大；掏槽效果较差。

直眼掏槽主要应用在断面较小、中硬岩层的爆破中。

(3) 混合掏槽

混合掏槽是指在断面较大、岩石坚硬的巷道中，为了弥补直眼掏槽的不足，采用直眼与斜眼混合掏槽的形式。

斜眼作垂直楔状布置在直眼外侧，斜眼与工作面的夹角为 75°～85°，眼底与直眼相距为 0.2 m，斜眼装药为眼深的 40％～50％，直眼装药为眼深的 70％。

2. 辅助眼

辅助眼又称为崩落眼，它布置在掏槽眼和周边眼之间。

辅助眼的作用是大量破碎崩落煤（岩)，形成一定空间，并为周边眼的爆破创造新的自由面，提高周边眼爆破效果。

辅助眼垂直工作面均匀布置，眼距一般为 500～600 mm。

3. 周边眼

周边眼包括顶眼、帮眼和底眼。它对控制巷道成形非常重要。

按照光面爆破的要求，炮眼外口应布置在巷道设计轮廓线上。为了便于钻眼，炮眼稍向巷道设计轮廓线以外偏斜一定角度，眼底落在轮廓线以外距离不超过 100～150 mm。

底眼外口应布置在巷道设计底板水平以上 150 mm 左右；炮眼稍向下倾斜，以眼底落在底板水平以下 150～200 mm 左右为准。

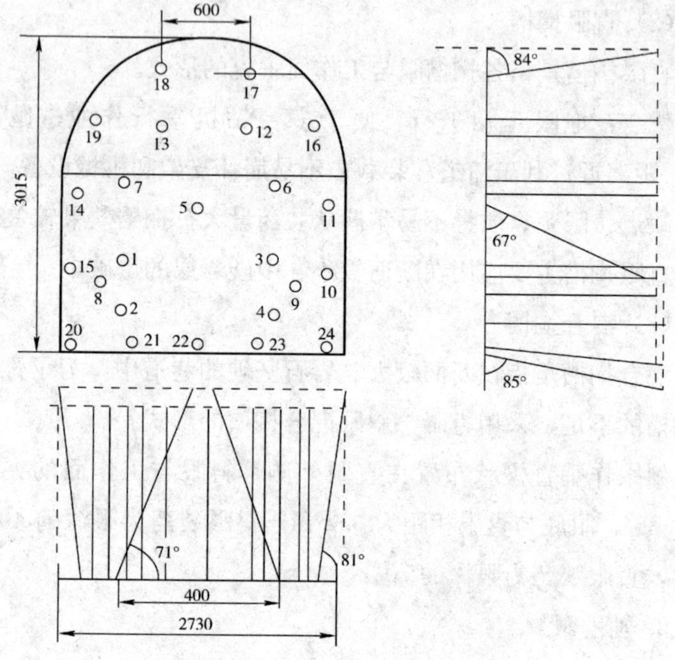

图 5—2　掘进工作面炮眼布置图

1、2、3、4、5—掏槽眼　6、7、8、9、12、13—辅助眼

10、11、14、15—帮眼　16、17、18、19—顶眼

20、21、22、23、24—底眼

138. 井下装药有哪些步骤?

井下装药步骤如下：

1. 打眼不能与装药平行作业，必须保持一定的安全距离。

2. 合理选择装药结构

在炮眼中装填起爆药卷时，必须注意起爆药卷的位置和方向，防止出现不合理的装药结构。

3. 清孔

炮眼内存有煤岩粉，使眼内药卷不能贴在一起，或者装不到眼底，引起火灾或爆炸事故。所以，装药前必须将炮眼内煤岩粉清除。

4. 验孔

检查炮眼的深度、角度、方向、位置和炮眼内的清孔情况。

5. 装药

装药时不能用炮棍冲撞或捣实药卷，以避免产生炸药密度过大、爆炸反应不完全、产生拒爆，甚至捣响电雷管等不良现象，必须用炮棍轻轻推入。

潮湿和有水的炮眼应使用抗水型炸药。若使用非抗水型炸药，炸药应罩防水套，但防水套容易划破，起不到防水作用，而且防水套参与爆炸，会增加一氧化碳含量。

6. 封孔

在炮眼内装填水炮泥，炮眼封泥长度必须符合规定。

7. 悬空炮线

装药后电雷管脚线要各自独立悬吊，或卷好塞在各自的眼口附近，以免电雷管脚线接头接地短路。

严禁电雷管脚线、爆破母线与运输设备、电气设备以及采掘机械等导体相接触。

139. 井下装药有哪些安全规定?

1. 装药前应将炮眼内煤岩粉清除。

由于炮眼内存有煤岩粉容易引起爆炸事故和影响爆破效果。装药前，炮眼内煤岩粉应认真清除，保证药卷之间密接。

(1) 使药卷装到眼底且药卷之间密接，有利于提高爆破效果。

(2) 防止煤粉被点燃后喷出眼外，有利于预防爆炸和火灾事故。

(3) 防止煤粉参与炸药爆炸的反应过程，有利于降低爆炸气体中一氧化碳浓度。

2. 装药时不能用炮棍冲撞或捣实药卷。

装药时必须用炮棍轻轻推入，不能用炮棍冲撞或捣实药卷。

(1) 避免产生炸药密度过大、爆炸反应不完全或产生拒爆现象。

(2) 防止捣响电雷管引起意外爆炸。

3. 潮湿和有水的炮眼应使用抗水型炸药。

如果使用非抗水型炸药，炸药套防水套，一方面防水套容易划破，起不到防水作用，另一方面防水套参与爆炸，增加一氧化碳含量，所以，炮眼中潮湿和有水时应使用抗水型炸药。

4. 装药后电雷管脚线要各自独立悬吊，或卷好塞在各自的眼口附近。

(1) 预防电雷管脚线接头接地短路。

(2) 防止刮板输送机将电雷管从炮眼中拉出。

(3) 避免将电雷管脚线连错。

5. 严禁电雷管脚线、爆破母线与运输设备、电气设备以及采掘机械等导体相接触。

（1）预防杂散电流引起电雷管意外爆炸。

（2）预防机械振动、撞击电雷管引起意外爆炸。

6. 打眼不能与装药平行作业，必须保持一定的安全距离。

（1）避免打眼时钻具触及炸药，引起炸药意外爆炸。

（2）避免装药爆炸时导致人员伤亡。

（3）有利于加强爆破器材的现场安全管理。

◎真实案例

1985年11月13日19:30，黑龙江省七台河矿务局工程处矿一工区104队施工富强竖井一水平总石门时，工作面左右帮原各3台风钻打眼，作业中坏了2台，剩下4台钻机正在打眼。先到的一名爆破工在工作面右侧装药。另两名爆破工到后也在工作面左侧装药，当拿起第二管火药时，刚起身见一团火光，顿时失去了知觉。此时，右侧下部2名工人打掏槽眼的钻钎被卡住，正弯腰一起往后拉钻时，也发现一团火光，瞬间也倒了下去。队长在后面听见响声，便向工作面跑去。经检查，先到的一名爆破工和指挥打眼的副队长当场被炸死，打眼工有3人被炸成重伤，其中1人送到医院后抢救无效死亡。据分析，该事故直接原因是打眼装药平行作业，造成炮眼对透，引起装药炮眼爆炸。

140. 炮眼的装药有哪两种结构?

在炮眼中装填起爆药卷时，必须注意起爆药卷的位置和方向，否则将影响爆破效果和矿井安全。

1. 炮眼的装药结构

根据起爆药卷的位置和方向的不同，可将炮眼的装药结构分为正向装药和反向装药两种，如图 5—3 所示。

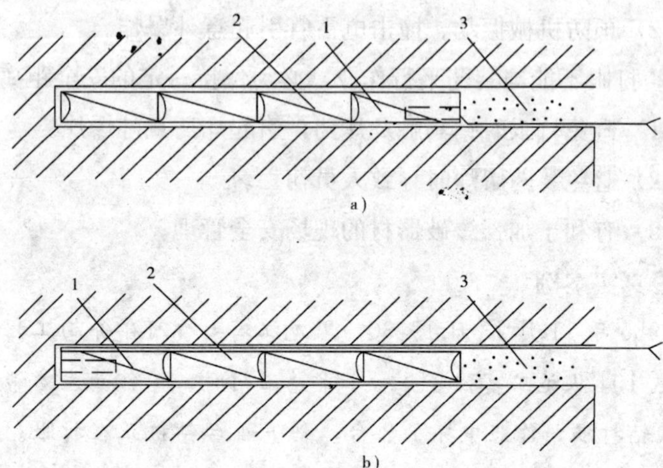

图 5—3　炮眼的装药结构

a）正向装药　b）正向装药

1—起爆药卷　2—药卷　3—炮泥

(1) 正向装药

正向装药是指起爆药卷位于靠近炮眼口柱状装药的爆炸端，电雷管和所有炸药的聚能穴均指向炮眼底部，爆炸波向眼底传播的起爆方法。

(2) 反向装药

反向装药是指起爆药卷位于炮眼底部柱状装药的里端，电雷管和所有炸药的聚能穴均指向炮眼口，爆炸波向眼口传播的起爆方法。

2. 炮眼的装药结构优缺点

起爆药卷的位置和传爆方向是影响爆破效果和爆破安全的重

要因素。

（1）防止引爆瓦斯煤尘

正向爆破时，炸药的爆轰波和固体颗粒的传递与飞散方向是向着炮眼底部的，所以不易引爆瓦斯煤尘。

反向爆破时，炸药的爆轰波和固体颗粒的传递与飞散方向是向着眼口的，当这些微粒飞过预先被气态爆炸产物所加热的瓦斯时，就很容易引爆瓦斯煤尘。

（2）充分发挥炸药威力

正向爆破时不能充分发挥炸药的威力，而反向爆破则使炸药的能量得到合理利用，爆破效果较好，特别是深孔爆破时更为明显。

所以，反向装药与正向装药相比，能够提高炮眼利用率，加强煤（岩）块破碎、减小大块率。但反向装药不仅需要较长的脚线，而且也不安全。《煤矿安全规程》规定，在有沼气或煤尘爆炸危险的煤（岩）层中爆破时，必须采用正向爆破。

141. 什么叫盖药，什么是垫药？

不论采用正向装药还是反向装药，起爆药卷电雷管和所有炸药的聚能穴指向必须一致。

盖药是指位于正向装药药卷以外的药卷。

垫药是指位于反向装药药卷以里的药卷。

在炮眼中装有盖药、垫药，不仅浪费炸药，而且造成盖药、垫药的不稳定爆炸，容易产生残爆、拒爆和爆燃现象，一旦瓦斯、煤尘达到爆炸浓度，就可能发生爆炸事故。所以，盖药、垫药既不利于正常起爆，又不利于安全，在现场装药过程中应杜绝此类情况的发生。

142. 采掘工作面炮眼封泥有哪些规定?

炮泥是指用来封闭炮眼的惰性材料（不参与爆炸反应）。因为早期普遍采用黏土封闭炮眼，所以俗称炮泥。炮泥不仅对爆破效果有很大的影响，而且与爆破安全有密切的关系。《煤矿安全规程》（2010 版）规定，封泥不足、不实的炮眼严禁爆破。

1. 炮泥材料

水炮泥是用塑料薄膜圆筒充水的一种炮眼充填材料。水炮泥爆裂后形成的水幕，可以降低温度，缩短爆炸火焰延续时间，减少了引爆瓦斯煤尘的可能性。同时，水幕具有灭尘和吸收炮烟中有毒气体的作用，有利于改善工人的劳动条件。所以，炮眼封泥应用水炮泥，水炮泥爆炸剩余的炮眼部分应用黏土炮泥或用不燃性的、可塑松散材料制成的炮泥封实。

2. 严禁用煤粉、块状材料或其他可燃性材料作炮眼封泥

（1）煤粉等可燃物质，爆破后产生更多的有害气体，生成爆炸火焰，引爆瓦斯和煤尘，引发外因火灾。

（2）块状材料不能将炮眼严密封堵，爆炸气体和火焰依然从炮眼中喷出，往往造成不良后果。

3. 封泥长度要求

炮眼封泥长度与炮眼深度有关，《煤矿安全规程》（2010 版）规定，封泥长度要求如下：

（1）炮眼深度小于 0.6 m 时，不得装药、爆破。

（2）在特殊条件下，如挖底、刷帮、挑顶确需浅眼爆破时，必须制定安全措施，炮眼深度可以小于 0.6 m，但炮眼必须封满炮泥。

（3）炮眼深度为 0.6～1 m 时，封泥长度不得小于炮眼深度的 1/2。

（4）炮眼深度超过 1 m 时，封泥长度不得小于 0.5 m。

（5）炮眼深度超过 2.5 m 时，封泥长度不得小于 1 m。

（6）光面爆破时，周边光爆炮眼封泥长度不得小于 0.3 m。

（7）工作面有 2 个或 2 个以上自由面时，在煤层中最小抵抗线不得小于 0.5 m，在岩层中最小抵抗线不得小于 0.3 m。

（8）浅眼装药爆破大岩石时，最小抵抗线和封泥长度都不得小于 0.3 m。

◎真实案例

2005 年 10 月 3 日 04:36，河南省鹤壁煤业有限责任公司二矿由于钻眼工违章作业，验收员不按要求验收，爆破工在炮眼质量不合格的情况下违章放炮，引起附近采空区内积聚的瓦斯爆燃、爆炸。造成 34 人死亡，19 人受伤（其中重伤 1 人），直接经济损失 801 万元。

143. 为什么煤矿井下严禁放“糊炮”和“明炮”？

“糊炮”是指把爆炸材料放在被爆煤岩的表面，用黄泥等物把药包盖上进行放炮的方法。

“明炮”是指直接把爆炸材料放在被爆煤岩的表面进行放炮的方法。

采用“糊炮”和“明炮”时，实质上是在煤岩表面进行放炮（尽管“糊炮”上盖了一部分黄泥等物，但是起不到实质作用），这种爆破方法不仅达不到爆破效果，更严重的是爆炸的火焰直接暴露在矿井巷道和工作面中，如果空气中瓦斯、煤尘浓度达到爆炸界限，极易引发瓦斯煤尘爆炸或发生火灾事故。

《煤矿安全规程》（2010 版）中对炮眼深度和炮眼的封泥量进行了严格的要求，同时明确规定，无封泥、封泥不足或不实的炮眼严禁爆破。

◎真实案例

2002 年 1 月 26 日 09:45，河北省承德市暖儿河煤矿采煤工作面因放“糊炮”发生特大瓦斯爆炸事故，造成 18 人死亡、1 人失踪。1 月 27 日 12:32 再次发生瓦斯爆炸，导致抢险救灾人员死亡 9 人，失踪 1 人。

144. 哪些情况下严禁装药、爆破？

由于爆破在生产中的重要性和在安全上的危险性，装药前和爆破前有下列情况之一的，严禁装药、爆破：

1. 爆破前，爆破地点附近 20 m 风流中瓦斯浓度达到 1%时。

2. 采掘工作面的控顶距不符合作业规程的规定，或有支架损坏，或者留有伞檐时。

3. 爆破地点 20 m 以内，有矿车、未清除的煤矸或其他物体堵塞巷道断面 1/3 以上时。

4. 工具未收拾好，机器、液压支架和电缆等未加可靠的保护或移出工作面时。

5. 在有煤尘爆炸危险性的煤层中，掘进工作面爆破前，爆破地点附近 20 m 的巷道内，未洒水降尘时。

6. 放炮前，靠近掘进工作面 10 m 长度内的支架未加固时；掘进工作面到永久支护之间，未使用临时支架或前探支架，造成空顶作业时。

7. 采煤工作面 2 个安全出口不畅通，在爆破地点及上下方 5 m的工作面内，支架不齐全牢固；采煤工作面没有一定量的备用支护材料；爆破与放顶工作执行平行作业，不符合作业规程规定的距离时。

8. 发现装药炮眼有异状（出水、药卷被推出）、温度骤高骤低、有显著瓦斯涌出、煤岩松散、透老空等情况时。

9. 无封泥、封泥不足或不实，放炮母线的长度、质量和敷设质量不符合规定时。

10. 局部通风机未运转或工作面风量不足时。

11. 工作面人员未撤离到警戒线外，或各路警戒岗哨未设置好，或人数未点清时。

◎真实案例

2004 年 11 月 28 日 07:06，陕西省铜川矿务局陈家山煤矿位于 415 工作面顶部的 1 号联络巷与高位巷连接处封闭后，造成 1 号联络巷瓦斯积聚，积聚的瓦斯通过 1 号联络巷与运输顺槽连接的交叉口及周围裂隙涌入工作面下隅角液压支架尾梁后侧区域；该区域瓦斯积聚并达到爆炸界限；在进行强制放顶时，违章放炮产生明火引爆瓦斯。造成 166 人死亡，45 人受伤，直接经济损失 4 165.9 万元。

145. 爆破母线和连接线有什么规定?

爆破母线和连接线应符合以下要求：

1. 爆破母线必须符合煤矿井下爆破标准。

（1）只准采用绝缘母线单回路爆破，严禁用轨道、金属管、金属网、水或大地等作为回路。

（2）严禁用两根材质、规格不同的导线作爆破母线。

（3）不得用四芯、多芯或多根导线作爆破母线。

（4）爆破母线接头不宜太多，以免增加电阻、断线、漏电或短路故障。

（5）每个接头和破损处必须用绝缘胶布包扎好，以防接触放电、漏电或短路故障。

（6）母线长度必须大于规定的爆破截入距离。

（7）爆破母线应放置在干燥、安全地点，以防水淋、受潮或被砸埋。

（8）爆破母线使用后要升井保管，并定期进行电阻和绝缘性能测定。

2. 爆破母线和连接线、电雷管脚线和连接线、脚线与脚线之间的接头必须相互扭紧并悬挂，不得与轨道、金属管、金属网、钢丝绳、刮板输送机等导电体相接触。

3. 巷道掘进时，爆破母线与电缆、电线、信号线应分别挂在巷道的两侧。如果必须挂在同一侧，爆破母线必须挂在电缆的下方，并应保持 0.3 m 以上的距离。

4. 爆破前，爆破母线必须扭结成短路。

146. 爆破连线有什么要求?

爆破连线是指按照爆破说明书中规定的连线方式把电雷管脚线和脚线、脚线和连接线、爆破母线和连接线连好接通，为爆破作业做好准备，如图 5—4 所示。

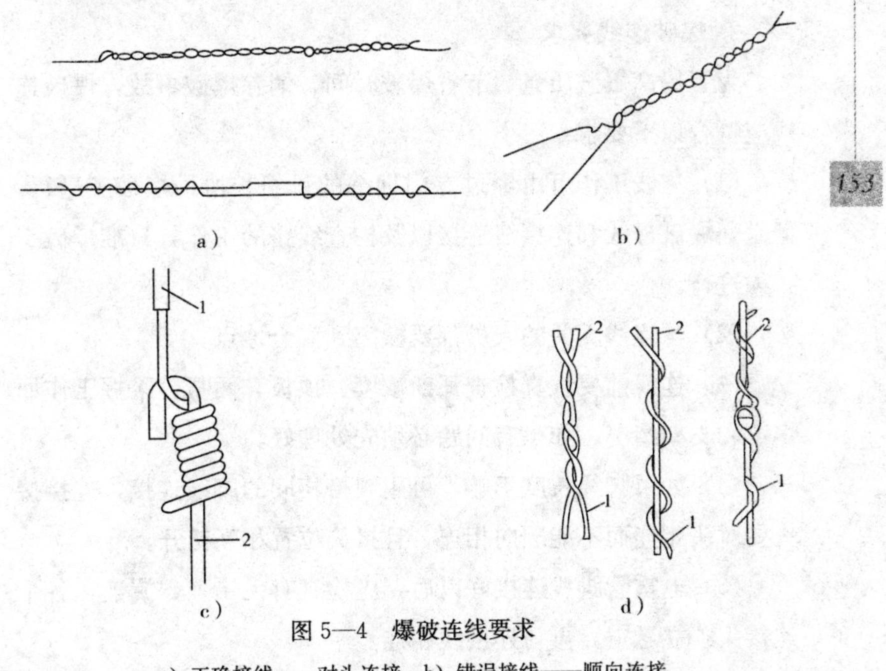

图 5—4　爆破连线要求

a）正确接线——对头连接　b）错误接线——顺向连接

c）正确连接　d）错误连接

1—脚线　2—母线

1. 名词解释

（1）脚线是指电雷管本身带有的两根导线。

（2）连接线是指连接电雷管脚线的导线。如果电雷管脚线够长，就不需要连接线。

（3）爆破母线是指连接电雷管脚线和发爆器的导线，也称为“大线”。

（4）端线是指连接电雷管脚线和爆破母线的一段导线。使用端线的目的是保护爆破母线的完整，以供重复使用。端线通常用质量、规格相同的旧脚线和废旧母线做成。

2. 爆破连线要求

为了提高爆破质量、节省爆破时间、消除爆破事故，爆破连线应符合以下要求：

（1）连线工作可由经过专门训练的班组长协助爆破工进行。但是，爆破母线和连接线连接以及检查线路的工作，只准爆破工一人进行。

（2）与连线无关的人员都要撤离到安全地点。

（3）连线前要认真检查瓦斯浓度、顶板、两帮、采掘工作面煤壁和支架情况，如果有问题必须先处理好。

（4）如果脚线长度不够，可用规格相同的脚线连接，连接接头要对头相连而不能顺向相连，且接头位置相互错开。

（5）电雷管脚线连接好以后，应检查有无错连、漏连，各个连接头独立悬空，再与连接线相连。

（6）在工作面决定爆破前，必须把爆破母线接电源方向的端头扭结在一起，并验明母线无电流后，方可将母线或连接线连接。

（7）煤矿井下严禁使用发爆器检查母线是否导通，否则会产生电火花而引发瓦斯、煤尘爆炸。

◎真实案例

1973 年 3 月 4 日 16:30，甘肃省靖远矿务局大水头矿一采区

1508 残采工作面因切断了回风，造成瓦斯积聚超限达爆炸浓度，采三队代队长和爆破工用发爆器打火检查爆破母线是否有断线处，以致产生电火花，引发瓦斯爆炸，造成死亡 47 人，直接经济损失 65 万元。

147. 煤矿井下采掘工作面爆破有哪几种连线方式？

井下采掘工作面爆破主要有串联、并联、串并联和并串联等连线方式，如图 5—5 所示。

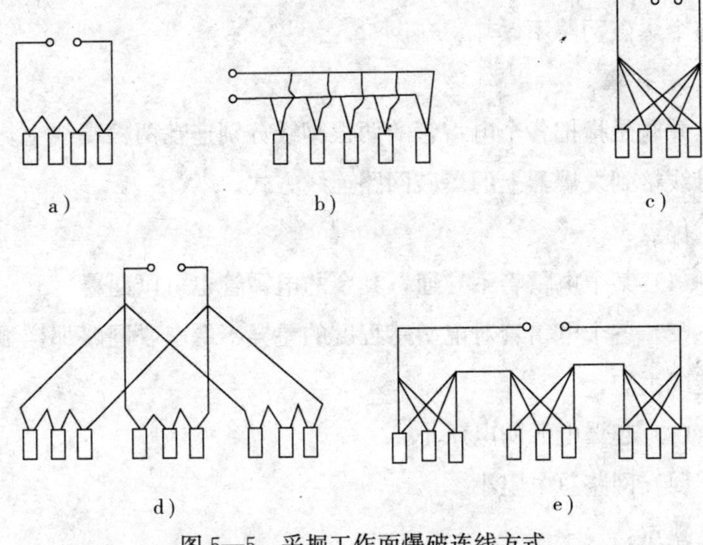

图 5—5　采掘工作面爆破连线方式

a）串联　b）分段并联　c）并簇联　d）串并联　e）并串联

1. 串联

串联是指把相邻电雷管的脚线彼此连接起来，然而再把两端脚线通过端线与母线连接起来，母线接到发爆器上的爆破网路连线方式。

优点：

（1）节省导线。

（2）连线简单。

（3）操作方便。

（4）便于检查。

（5）总电流小。

（6）使用安全。

缺点：只要有 1 只电雷管断路或任何一点未接牢固，则将导致整个爆破网路不爆炸。

2. 并联

并联是指把各个电雷管的两根脚线分别连在两根端线上，通过母线接到发爆器上的爆破网路连线方式。

优点：

（1）某个电雷管不导通，其余的电雷管也可以起爆。

（2）各个电雷管对电敏感程度的差异不像串联网路那样显著地造成丢炮。

（3）起爆电源的电压小。

（4）网路总电阻小。

缺点：

（1）网路总电流大。

（2）母线断面较大。

（3）对爆破母线电阻和连接线接头质量要求较严格。

3. 串并联和并串联

串联、并联虽然简单方便，但只适用于电雷管数目较少的情况下。如果一次起爆的电雷管数目较多时，则需采用串并联和并串联网路。

（1）串并联网路

串并联网路是指组内电雷管串联，组与组之间并联的连线方式。

串并联网路的优点是在同样条件下能起爆的电雷管数目较多。缺点是连线复杂、容易出错，使用中必须均匀分组，各组串联电雷管数一定要相等。

（2）并串联网路

并串联网路是指组内电雷管并联，组与组之间串联的连线方式。

并串联网路特点与串并联网路相似，但现场很少采用。

综上所述，爆破网路连线方式应根据爆破条件进行选择，煤矿井下采掘工作面爆破时一般不使用并联、串并联和并串联的连线方法。

148. 为什么采掘工作面应采用毫秒爆破?

井下采掘工作面爆破作业是煤矿生产的一项十分重要的工序，直接影响到人身安全和煤矿安全生产，是实现煤矿安全生产的重要环节。违章爆破作业直接造成人员伤亡事故，如放炮崩人、炮烟熏人，放炮崩倒支架造成冒顶埋人等。

2007 年全国煤矿放炮事故共发生 69 起、死亡 77 人，分别占全国煤矿事故的 2.9%、2.0%，其中还发生一起较大事故；还有由于放炮崩坏刮板输送机、崩破电缆、崩歪崩倒支架而影响生产的事故。同时，放炮还可能诱发其他事故，如放炮引爆瓦斯煤尘爆炸、放炮引起透水等。据统计，2007 年全国煤矿重大以上瓦斯爆炸事故火源中，由于违章放炮诱发的事故起数和死亡人数为 5 起和 191 人，分别占 33.3%和 55.5%。《煤矿安全规程》（2010 版）规定，在有瓦斯或煤尘爆炸危险的采掘工作面，应采用毫秒爆破。

毫秒爆破又称为微差爆破，是一种延期爆破，延期间隔时间为几毫秒到几十毫秒。由于前后相邻段药包爆炸时间间隔极短，各药包爆炸产生的能量场相互影响，从而产生一系列良好的效果，所以在煤矿采掘工作面得到广泛应用。

1. 可减弱爆破地震效应和空气冲击波的影响，减少煤（岩）体抛掷距离和振动、声响。

2. 可增大一次爆破量，减少爆破次数，提高劳动生产率，减轻炮烟的危害程度。

3. 爆落的煤（岩）体块度均匀，大块率低。

4. 爆破后煤（岩）体爆堆形状整齐，爆堆比较集中，有利于提高装载效率。

5. 可以在有瓦斯煤尘爆炸危险的采掘工作面、高瓦斯矿井和煤与瓦斯突出矿井中使用，可以实现全断面一次起爆，提高掘进效率。

149. 为什么在掘进工作面应全断面一次起爆?

《煤矿安全规程》（2010 版）规定，在掘进工作面应全断面一次起爆，不能全断面一次起爆的，必须采取安全措施。

掘进工作面全断面一次起爆是指，在整个巷道断面上，一个循环的炮眼全部装药、一次起爆。

1. 在有瓦斯煤尘爆炸危险的掘进工作面，可以避免因分次爆破而引起瓦斯煤尘爆炸的危险。

2. 可以避免分次爆破时使相邻炮眼的炸药被挤压、电雷管的脚线和桥丝被崩断或震断，电雷管和炸药被带出，从而造成拒爆和残爆，提高爆破效率。

3. 可以减少连线和爆破次数，减轻爆破工的劳动强度，加快掘进工作面的推进速度。

4. 缩短爆破作业时间和炮烟排除时间，爆破工和现场作业人员可以避免较大量地吸入炮烟，有利于工人的身体健康和安全生产。

5. 可以避免底眼连线和查找的困难和危险。

150. 为什么在采煤工作面一组装药必须一次起爆?

采煤工作面爆破应当一次装药一次爆破，这从爆破安全的角度来说是必要的。但是，由于一次爆破炸药量过大，对工作面顶板的振动和破坏也很大，特别是顶板破碎时，常发生较大范围的冒顶，处理起来也十分困难。因而有的采煤工作面采用一组装药分次爆破的方法，给采煤工作面带来一定安全隐患。因此，《煤矿安全规程》（2010 版）规定，在采煤工作面可分组装药，但一组装药必须一次起爆，如图 5—6 所示。

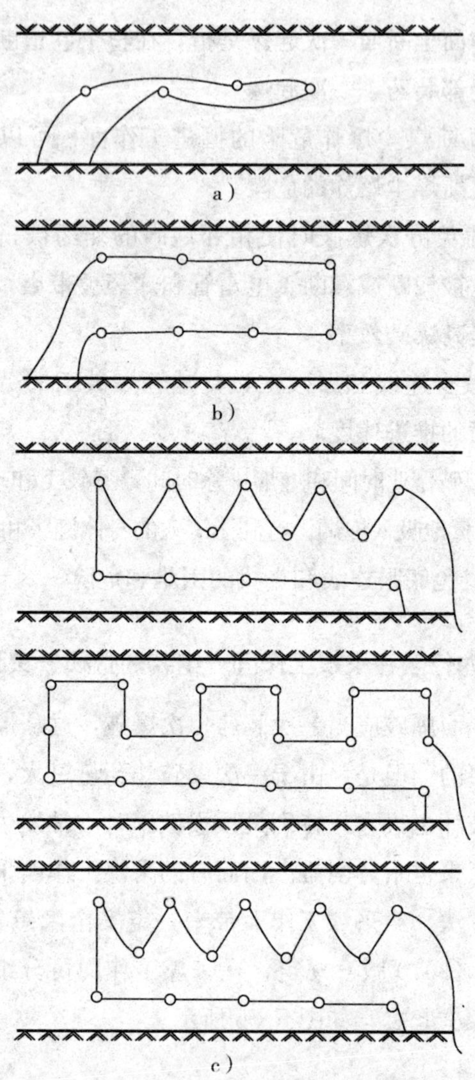

图 5—6　采煤工作面一组装药一次起爆连线法

a）单排眼串联法　b）双排眼串联法　c）三排眼串联法

一组装药分次爆破有以下危害：

1. 前一组爆破后，瓦斯超限或煤尘飞扬时，遇上后一组爆破所产生的空气冲击波、炽热的固体颗粒，气体爆炸产物和火焰，可能引发瓦斯煤尘爆炸。

2. 容易把相邻段炮眼的炸药压死，或把电雷管脚线崩断，或带出电雷管和炸药，或将电雷管桥丝震断，造成拒爆和瞎炮。

3. 容易产生炮震裂缝，贯通相邻炮眼，造成爆破火焰从裂缝中喷出，不仅降低爆破效果，还会造成瓦斯煤尘爆炸和火灾事故。

4. 炮药在炮眼内时间长，遇到淋水时容易产生拒爆和爆燃。

5. 由于连线和爆破次数多，造成爆破时间长、工人劳动强度大和吸入炮烟多，不仅影响循环作业的加快，而且损害了工人的身体健康。

6. 一组装药分次爆破崩倒的支柱，不能及时支护，造成空顶面积大、空顶时间长，容易发生片帮冒顶事故。

7. 由于作业工序烦琐，对顶板的安全检查时间短、不全面，易发生冒顶片帮伤人事故。

8. 容易造成丢炮现象，甚至发生刨着残爆炸伤人员事故。

9. 不能根据实际情况合理调整炮眼深度、角度、位置和装药量，不能提高爆破效率。

151. 使用发爆器有哪些规定?

发爆器是指用来供给电爆网路上的电雷管起爆电能的器具，俗称炮机。

1. 采煤工作面爆破必须使用发爆器，严禁采用明电爆破，以防发生瓦斯煤尘爆炸和外因火灾事故。

2. 严禁将发爆器两个接线柱连线短路，打火放电检测有无残余电荷，或者检查电爆网路是否导通，避免击穿电容或其他元件甚至引爆瓦斯煤尘。

3. 严禁在一个采煤工作面使用 2 台发爆器同时进行爆破，防止因截入不当误伤人员。

4. 发爆器的把手、钥匙必须由爆破工随身携带，不得转交他人。不到爆破通电时，不得将把手或钥匙插入发爆器内。爆破后，必须立即把把手、钥匙拔出，摘掉母线并扭结成短路，防止意外爆炸。

5. 每次爆破后，应及时盖好小盖，防止粉尘和潮气侵入发爆器内。

6. 发爆器必须由爆破工妥善保管，上下井随身携带，每班在井上检查维修。

152. 如何使用导通表？

导通表又名测炮器，它是专门用来测量电雷管、爆破母线或电爆网路是否导通的仪表。

导通表结构简单，坚固耐用，操作容易，携带方便，使用安全，可代替结构复杂、不易保管的爆破电桥和欧姆表来做导通检验，被爆破工广泛使用。

光电导通表内部电源为硒光电池或硅光电池，在矿灯或其他光线照射下，最高可产生 0.5 V 电压，无光线照射时，不产生电压。使用导通表时，先用矿灯或其他光线照射电池，同时使被测物件的两端分别与导通表的两个金属表相碰，回路接通，检流表指针转动，表明被测物件导通，无断路；如果检流表指针不转动，表明被测物件不导通，出现断路。

光电导通表使用后必须避光保存，以免浪费电池。

153. 掘进工作面爆破前后必须采取哪些防尘措施?

一旦违章爆破产生火花，引起煤尘爆炸，后果不堪设想。《煤矿安全规程》规定，在有煤尘爆炸危险的煤层中，掘进工作面爆破前后，附近 20 m 的巷道内必须洒水降尘。

1. 掘进工作面爆破的危害

掘进工作面爆破是炮掘工作面重要生产工艺之一，但是，它也给掘进工作面的安全带来一定的危害。

掘进工作面爆破不洒水降尘有以下危害：

(1) 掘进工作面爆破产生的煤（岩）粉尘量相当大，危害现场作业人员的身体健康。

(2) 爆破产生的冲击波和振动，使巷道顶底板、两帮和支架、设备上的积尘飞扬在巷道空间，为煤尘爆炸提供另一部分尘源。

(3) 由于爆破时炮眼封泥不够、炸药质量不好、最小抵抗线不足，往往产生爆破火花，成为引爆煤尘的火源。

2. 爆破前后洒水的作用

爆破前后洒水有以下 3 个方面的作用：

(1) 洒水可以大幅度地降低煤尘产生量和浮尘的发生量，有利于现场工人的身体健康和预防煤尘爆炸。

（2）洒水能够降低煤炭的温度，有利于抑制煤尘爆炸。

（3）洒水使煤尘含水量增加，起到惰化煤尘活性、提高煤尘爆炸的温度的作用。

3. 掘进工作面爆破必须洒水防尘

掘进工作面爆破前后必须采取以下防尘措施：

（1）防尘用水管路应铺设到所有掘进工作面的迎头，每隔100 m或50 m安设一个三通及阀门，并备有软水管。

（2）掘进工作面钻眼应采取湿式作业，以减少钻眼作业的产尘量。供水压力以0.3 MPa左右为宜，但应低于风压0.1～0.2 MPa，耗水量以2～3 L/min为宜，以钻孔流出的污水呈乳状浆液为准。

（3）在巷道中设置水幕净化风流除尘，将矿尘捕获而使井巷风流矿尘浓度降低。净化水幕应以整个巷道断面布满水雾为原则。

（4）用水冲洗巷道和清扫巷道煤尘，煤水顺巷道水沟流出，遗留的煤尘及时运出。冲洗时要注意不要将水射入电气设备及其开关内。

（5）掘进工作面爆破前必须对工作面20 m范围内的巷道周边冲洗。

（6）使用水炮泥封堵炮眼，爆破时水炮泥中的水分被雾化，可使尘粒湿润、结团而减少煤尘产生量；同时降低炮烟的温度和浓度，有效地预防瓦斯和煤尘爆炸。使用水炮泥除尘效果十分明显，除尘率一般63％～80％。

(7) 掘进工作面爆破时必须在距离工作面 10～15 m 地点安装压气喷雾器或高压喷雾降尘系统实行爆破喷雾。雾幕应覆盖全断面并在放炮后连续喷雾 5 min 以上。当采用高压喷雾降尘时，喷雾压力不得小于 8.0 MPa。

(8) 掘进工作面爆破后，装煤（矸）前必须对距离工作面 30 m 范围内的巷道周围边和装煤（矸）堆洒水。掘进工作面在距离工作面 50 m 内应设置一道自动控制风流的净化水幕。

(9) 在装煤（矸）过程中，边装边洒水，采用铲斗装煤（矸）机时，装煤（矸）机应安装自动或人工控制水阀的喷雾系统，实行装煤（矸）喷雾。

154. 什么是“一炮三检”和“三人连锁放炮”制度？

爆破作业必须执行“一炮三检”和“三人连锁放炮”制度。

1. “一炮三检制”是指采掘工作面装药前、放炮前和放炮后，爆破工、班组长和瓦斯检查工都必须在现场，由瓦斯检查工检查瓦斯，爆破地点附近 20 m 以内的风流中，瓦斯浓度达到 1.0%时，不准装药、爆破。

2. “三人连锁放炮制”是指放炮前，爆破工将“警戒牌”交给生产班组长，由班组长派人警戒，并检查顶板与支架情况；然后将自己携带的“爆破命令牌”交给瓦斯检查工，瓦斯检查工检查瓦斯、煤尘合格后，将自己携带的“爆破牌”交给爆破工；爆破工发出爆破命令后进行爆破。爆破后三牌各归原主。如图 5—7 所示。

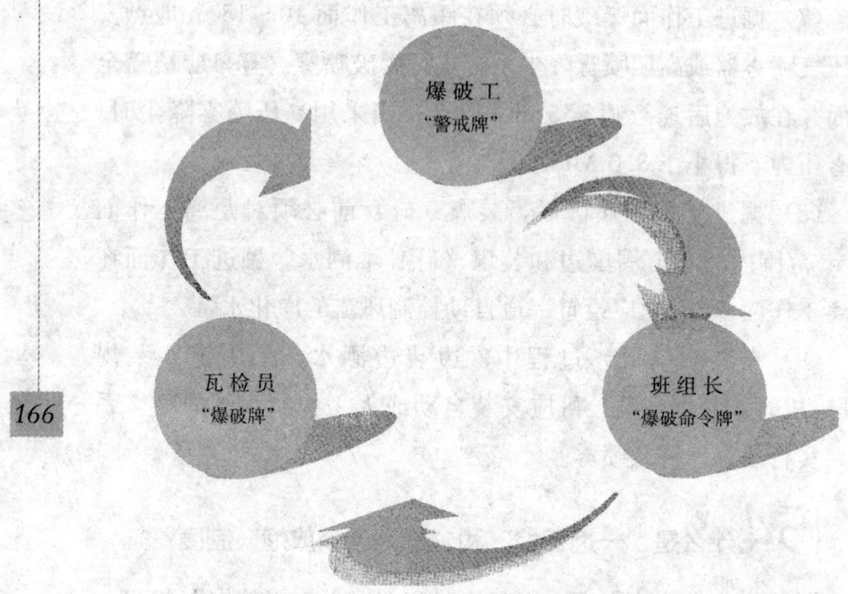

图 5—7　三人连锁放炮制度放炮牌

◎真实案例

2005 年 7 月 2 日 14:20，山西省忻州市宁武县阳方口镇贾家堡煤矿接替井由于矿井总风量严重不足，下山采区 511 掘进工作面局部通风机安装位置违反《煤矿安全规程》规定，致使该工作面形成循环风，造成瓦斯局部积聚并达到爆炸浓度；未使用炮泥、水炮泥填塞炮眼，放炮产生火焰引起瓦斯爆炸。煤尘参与爆炸。造成 36 人死亡，11 人受伤，直接经济损失 1 185.2 万元。事故发生后，矿主和有关部门瞒报事故死亡人数，转移藏匿尸体。

155.如何预防爆破炮烟中毒?

炮烟是指放炮以后产生的烟尘，它既包含炸药爆炸所产生的气体，又包含爆炸时产生的煤、岩粉尘。在炮烟浓度较大的空气中或长时间作业，会受到炮烟气体中一氧化碳、一氧化氮和二氧化氮等有害气体的严重毒害，往往发生炮烟熏人事故。《煤矿安全规程》（2010 版）规定，爆破后，必须待工作面的炮烟被吹散后，方能巡视爆破地点。

1. 爆破气体对人体的危害

爆破气体主要有一氧化碳、二氧化碳、氢气、一氧化氮、甲烷、氨气、氮气、二氧化硫、二氧化氮、硫化氧和水蒸气等，在爆炸气体产物中，大部分是对人体有害或有毒的气体。一般工业炸药爆生气体总量约为 350～1 000 L/kg，其中有毒气体含量约为 60～150 L/kg，最有毒的气体是 CO、NO、NO_2、SO_2 和 H_2S。国家规定用于井下爆破的炸药，其有毒气体产生量按 CO 计算，不得超过 100 L/kg。

一氧化碳、一氧化氮和二氧化氮对人体有以下危害：

（1）一氧化碳

人体吸入含有一氧化碳的炮烟后，一氧化碳会与血色素结合，从而大大降低了血色素的吸氧能力，造成缺氧现象。一般煤气中毒就是一氧化碳中毒，严重时会造成窒息甚至死亡。

（2）一氧化氮和二氧化氮

一氧化氮和二氧化氮都是爆破时炸药爆炸的产物。一氧化氮极不稳定，遇空气中的氧即转化为二氧化氮。二氧化氮是剧毒的气体，它遇水（包括呼吸道的水分）后能生成硝酸，对人的眼睛、鼻、呼吸器官、肺部组织具有强烈的腐蚀作用，特别是会破坏肺组织，引发肺部浮肿。当二氧化氮浓度为 0.006％时，短时间会立即出现咳嗽、肺部发痛症状；浓度为 0.025％时，可以很快致人死亡。二氧化氮中毒的特点是起初无感觉，经过 6～24 h 后才出现中毒征兆，中毒患者手指尖和头发发黄。

2. 井下爆破炮烟中毒原因

发生井下爆破炮烟中毒主要有以下几方面原因：

（1）工作面爆破后，炮烟尚未排完就急于进入工作。

（2）局部通风机的风筒距离掘进工作面太远，因风量不足，不能及时吹散炮烟；或炮眼内装药量过多，所产生的炮烟超过通风能力，致使不能在规定时间内将炮烟排除或冲淡。

（3）炸药变质引起炸药缓慢燃烧，所产生的一氧化碳、氮的氧化物有所增加，使人中毒的可能性增加。

（4）回采工作面爆破时，在回风道作业人员距爆破地点近，炮烟浓度大，不能及时撤退。

（5）长距离单孔掘进工作面爆破时，炮烟长时间浮游在巷道中，使人慢性中毒。

3. 预防井下爆破炮烟中毒

预防井下爆破炮烟中毒主要有以下 7 个方面的措施：

（1）爆破后待炮烟吹净，巡查和作业人员方可进入工作面作业。

（2）不能使用超期、硬化、变质的炸药。

（3）控制一次爆破炸药量，不使产生的炮烟量超过通风能力。

（4）采掘工作面不得串联通风，回风道应保证足够的通风断面。

（5）装药时，按《煤矿安全规程》规定封足炮泥，实现稳定爆炸，减少有害气体。

（6）爆破时，除警戒人员外，其他人员都要在进风巷内躲避等候；在单孔掘进巷道内，所有人员都要远离爆破地点，同时要有充足的风量。

（7）作业人员在通过有较高浓度的炮烟区时，要用湿毛巾堵住口鼻，并迅速通过。

◎真实案例

2008年7月1日11:16，神木汇森凉水井矿业有限责任公司42102综采工作面通风系统未调整到位，安装调试阶段临时采用局部通风机给工作面供风，在局部通风机停止运转、工作面微风的情况下，违章进行顶板深孔预裂爆破作业，爆破产生的大量一氧化碳等有毒有害气体，不断释放并积聚，导致返回工作面作业的人员中毒伤亡。其中中毒死亡18人，伤10人，直接经济损失905万元。

156.爆破警戒应有哪几种信号？

爆破警戒应有以下3种信号：

1. 预警信号——人员撤出，开始清场。

2. 起爆信号——起爆。

3. 解除信号——岗哨撤离，人员进入。

157.爆破后检查有什么规定?

采掘工作面爆破以后必须认真检查，这是保证爆破安全作业的最后一个环节。

1. 爆破后，爆破工必须立即从发爆器上取下钥匙，妥善保管，并将爆破母线摘下扭结在一起。

2. 爆破后的检查人员

爆破后检查工作由爆破工、瓦斯检查工和班组长组成的检查小组实施。

3. 等待时间

爆破后，待工作面的炮烟被吹散，才能进入工作面检查。

等待时间由设计确定，但不少于 15 min。

4. 爆破后检查的内容

爆破后，检查的主要内容是通风、瓦斯、煤尘、顶板、支架、拒爆和残爆等情况。

(1) 检查有无崩倒的支架，甚至发生顶板冒落矸石情况。

(2) 检查有无崩翻输送机机身或其他机械设备情况。

(3) 检查通风是否正常，特别是贯通巷道的通风。

(4) 检查瓦斯、煤尘是否达到爆炸界限的浓度。

(5) 检查工作面顶板、煤壁或两帮是否有危岩悬石或片帮、冒顶的危险。

(6) 检查是否存有拒爆、残爆炮眼。

(7) 检查是否有散落在煤矸堆中的电雷管、炸药和脚线。

(8) 检查是否有其他不安全因素，如引发透水、外因火灾、电气故障和有害气体涌出等。

5. 经检查、处理，确认工作面已处于安全状态后，由布置警戒的班组长亲自通知撤除警戒，全部作业人员可以进入工作面正式作业。

158. “十不准”放炮的内容是什么?

爆破作业必须严格遵守“十不准”，其内容如下：

1. 工作面工具未收拾好，机电设备和电缆未加以保护时，不准放炮。

2. 工作面未检查瓦斯浓度或 20 m 范围内瓦斯浓度达到 1% 时，不准放炮。

3. 在有瓦斯煤尘爆炸危险的煤层工作面 20 m 范围内未清扫煤尘或洒水灭尘时，不准放炮。

4. 工作面风量不足时，不准放炮。

5. 工作面安全出口不安全、不畅通，工作面顶板支架不完整、煤壁片帮、有伞檐等安全隐患时，不准放炮。

6. 放炮母线长度不够或未吊挂好时，不准放炮。

7. 所有人员未撤离到警戒线以外的安全地点，未清点好人数、未设好警戒岗哨时，不准放炮。

8. 不执行一次装药、一次放炮时，不准放炮。

9. 不使用放炮器或一个工作面同时使用 2 台或以上放炮器时，不准放炮。

10. 未发完 3 声放炮信号，不准放炮。

◎真实案例

1989 年 9 月 8 日 02:35，辽宁省阜新矿务局五龙矿开拓一区

223采区二阶段风巷翻修时，跟班副段长带头违章作业，将炸药雷管绑在碍事的旧铁腿上与其他炮眼一起爆破。当时放炮两次都没有响，发现放炮线在44.2 m处折断，爆破工（班长兼任）从该处将放炮线掐断，然后与副段长一起就地躲在巷道下帮爆破，另2名工人分别躲在距爆破工爆炸4.4 m和6.8 m的巷道上帮。爆破后，位于近处的一名工人脸朝下趴在地上，当场被崩死；位于稍远的一名工人歪着头斜靠在地面上，满脸是血，被崩成重伤；爆破工和副段长侥幸躲过一难。

159.采掘工作面炮眼装药量过大有什么危害?

采掘工作面炮眼装药量过大有以下危害：

1. 装药量过大，会破坏顶板岩层稳定性，易崩倒工作面支架，造成冒顶事故。

2. 装药量过大，会使煤（岩）块度较小，而且抛掷距离远，给煤岩的装载带来困难。采煤工作面爆破时会把一部分煤炭抛向采空区，影响煤炭回采率。同时还产生大量煤（尘）粉尘，影响安全生产和工人健康。

3. 装药量过大，相应地使炮眼中的炮泥封填长度减小，不但影响爆破效率，还可能因炮泥不足，使爆破火焰引发爆炸和火灾事故。

4. 装药量过大，爆破后生成的炮烟和有害气体相应地增加，对工人身体健康带来影响，还延迟了冲淡炮烟的时间，影响劳动效率。

5. 装药量过大，还可能崩坏采掘工作面机械、电气设备和设施，造成工作面设备、设施维修工作量增加，甚至引起工作面停电、停产。

所以，炮眼内装药量过大，不仅浪费了大量炸药，还会给安全生产带来隐患，必须按作业规程的要求执行。

第六章 预防爆破事故

160.如何预防井下爆破炮烟中毒?

井下爆破后，炮烟中主要气体不仅对人体有害，而且能对井下瓦斯煤尘爆炸起催化作用。

预防有毒有害气体的措施主要有：

1. 正确选择炸药

对选用的炸药，特别是新品种炸药的性能、规格、使用范围必须了解。有条件的矿还要检验厂方提供的包括有毒气体在内的各项指标是否正确与合乎要求。

2. 正确使用炸药

炸药反应程度与炸药组分、密度、颗粒、起爆能、装药直径和爆炸壳材料有关，故在使用时要保证炸药充分完全爆炸，减少有毒气体的生成。

3. 加强洒水与通风

通风能排除有毒气体。洒水可以把氮氧化物变为硝酸或亚硝酸从碎石或岩缝中驱逐出去，如果水中加入碱性溶液效果更好。

4. 炮烟散尽后再进入工作面

采掘工作面爆破后必须等 15 min 后再进入工作面，一是避免炮烟未被吹散，造成炮烟熏人，使人慢性中毒；二是防止炸药迟爆现象，导致意外爆炸人身事故。

161.如何预防爆破崩人?

为了防止爆破时发生崩人事故，《煤矿安全规程》(2010 版)第 337 条规定，爆破工必须最后离开爆破地点，并必须在安全地点起爆。起爆地点到爆破地点的距离必须在作业规程中具体规定。

1. 爆破崩人的原因

爆破时发生崩人事故主要有以下 5 个方面的原因：

(1) 放炮母线短，躲避处选择不当，造成飞煤、飞石伤人。

(2) 爆破时未严格执行有关爆破警戒规定，在爆破区内误放进人员。

(3) 违章处理拒爆、残爆，使炮眼意外爆炸伤及处理拒爆、残爆人员和附近作业人员。

(4) 炸药的迟后爆炸，崩伤提前进入爆破区人员。

(5) 杂散电流使炸药早爆，突然爆炸伤人。

2. 预防爆破崩人的措施

预防爆破崩人主要有以下6个方面的措施：

（1）采掘工作面爆破地点有人，爆破工不准将母线与雷管脚线连接。爆破时，爆破工必须最后离开爆破地点，并只准爆破工一人通电，严禁他人通电爆破。

（2）放炮母线要有足够长度，起爆地点和爆破地点的距离要在作业规程中规定，躲避处的选择要能避开飞石、飞煤的袭击，掩护物要有足够的强度。

（3）严格执行爆破警戒制度，严防人员误入爆破区。

（4）通电以后装药眼不响时，如使用瞬发电雷管，至少等5 min；如使用延期电雷管，至少等15 min，方可沿线路检查，找出不响的原因，不能提前进入工作面巡查和作业。

（5）采取措施防止杂散电流进入爆破网络。

（6）爆破后，如果出现拒爆、残爆现象，必须按《煤矿安全规程》（2010版）规定处理。

◎真实案例

1995年6月29日11:20，福建省上京矿务局仙亭煤矿由于爆破区内有1人未撤出，造成该人被崩死亡。据分析，该事故主要原因是班长、爆破工严重违反爆破规定，由非爆破工参加装药连线，同时，在未清点人员是否全部撤到安全地点的情况下通电爆破，将位于迎头5 m处的1名工人崩死。

162.如何预防井下爆破爆燃现象?

爆破爆燃是指在爆破作业时，由于爆轰波的熄灭而引起的炸药燃烧现象。

在大气中，爆轰波的熄灭，其表现就是爆炸现象的终止。但由于井下爆破作业过程中，爆轰波的熄灭在较为密闭的炮眼中，所产生的压力和温度都较高，因此，燃烧过程远比在大气中激烈，燃烧的炸药炽热微粒往往由于压力的增大或二次爆炸从炮眼中喷出，或在空气中燃烧，引起瓦斯煤尘爆炸或火灾事故。

1. 井下爆破爆燃的原因

(1) 电雷管爆炸不完全，如半爆、穿孔小等造成起爆能不足。

(2) 炮眼距离过小，使炸药被压缩或“压死”；或者电雷管被爆轰波“压死”变形。

(3) 炸药质量不合格，如吸潮硬化等。

(4) 装药不符合规定要求，如炮眼未清扫干净，药卷破裂混入煤柱，药卷间距过大。

(5) 前一炮爆破引起煤层龟裂，炸药受到高温、高压作用。

(6) 在正向起爆时，由于炮眼中的管道效应，使末端药卷被“压死”。

2. 预防井下爆破爆燃的措施

(1) 加强爆炸材料的质量管理和检查，不使用质量不合格炸药和电雷管。

(2) 合理选择炮眼布置形式和装药量，防止产生爆燃现象。

(3) 设法提高炸药的抗压缩性。如在炸药组分中加入某种抗压缩成分，炸药加以刚性被筒等。

(4) 设法提高炸药的爆轰稳定性。如用高威力、高感度的固态炸药作敏感剂。

（5）在炸药组分中加入防燃剂。如各种碱金属的草酸盐，铅、镁的硝酸盐或硫酸盐等。

163.如何处理拒爆、残爆?

拒爆是指在爆破时，通电以后出现爆炸材料未发生爆炸的现象。由于某种原因造成的部分或单个雷管拒爆叫残爆，或俗称瞎炮。处理拒爆、残爆是一项非常危险的工作，稍有不慎就可能发生意外爆炸，伤及人员。所以，《煤矿安全规程》（2010 版）第 342 条对处理拒爆、残爆提出了严格的要求。

1. 拒爆的检查

按照《煤矿安全规程》（2010 版）要求，拒爆的检查应采取以下方法：

通电以后拒爆时，爆破工必须先取下把手或钥匙，并将爆破母线从电源上摘下，扭结成短路，再等一定时间（使用瞬发电雷管时，至少等 5 min；使用延期电雷管时，至少等 15 min），才可沿线路检查，查找拒爆的原因。

2. 拒爆的原因

采掘工作面产生拒爆有以下 7 个方面的原因：

（1）炸药变质。

（2）雷管桥丝折断，雷管变质或雷管制造质量差。

（3）装药、封泥时造成雷管脚线折断或绝缘不良，导致不通电或电流短路。

（4）连接的雷管数超过发爆器的起爆数。

（5）发爆器的电流小或故障，不能引爆电雷管。

（6）混用了不同规格、不同厂家、不同时期、不同材质的雷管。

（7）发爆器与放炮母线、母线与脚线、脚线与脚线间连接不实，有短路；或与水、金属、岩石等导体、非导体接触，造成断路、短路、漏电；或电阻大电流不能正常通过，不易起爆；连线时漏联、误接，使网路中无电流或电流太小，电雷管不能起爆。

3. 拒爆的预防

采掘工作面预防拒爆有以下 6 个方面的措施：

（1）不领不合格的炸药和雷管。

（2）装药时用木质炮棍轻轻将药卷推入炮孔中，防止损坏或折断雷管脚线。

（3）正确选用和使用发爆器。

（4）在进行发爆器与母线、母线与脚线、脚线与脚线之间连接时，爆破工的手要洗干净并拧紧接头。

（5）保持母线完好。

（6）炮眼连接方式不要随意改动，防止错联或漏联。

4. 拒爆的处理方法

处理拒爆（包括残爆）必须在班组长直接指导下进行，并应当处理完毕。如果当班未能处理完毕，爆破工必须同下一班爆破工在现场交接清楚。

采掘工作面处理拒爆有以下 8 个方面的方法：

（1）发现放炮不响时，检查放炮母线及连接线状况，仍放不响时，可用中间并联法处理，直至检查出拒爆的炮眼，然后将该炮眼的两脚线拧在一起塞入炮眼内，并标明记号。由于连线不良造成的拒爆，可重新连线起爆。

（2）弄清拒爆眼的角度、深度、然后在拒爆炮眼至少 0.3 m 处另打与其平行的新炮眼，重新装药起爆，防止新炮眼打偏触及或震动原残眼电雷管，引起意外爆炸事故。

（3）严禁用镐刨或从炮眼中取出原放置的引药或从引药中拉出电雷管，以防造成对起爆药包和电雷管冲击、挤压和摩擦，导致电雷管爆炸。

（4）因为炮眼残底可能存有残余炸药和电雷管，严禁将炮眼残底（无论有无残余炸药）继续加深，避免意外爆炸。

（5）为预防发生意外爆炸事故，严禁用打眼的方法往外掏药。

（6）为防止因压气对电雷管冲击，严禁用压风吹拒爆炮眼，以避免意外爆炸。

（7）处理拒爆的炮眼爆炸后，爆破工必须详细检查煤矸，收集未爆的电雷管和残药，严防雷管散失，或造成锅炉燃烧时爆炸，或流入社会坏人手里搞破坏活动。

（8）在拒爆处理完毕以前，严禁在该地点进行与处理拒爆无关的工作。

◎真实案例

1986 年 8 月 24 日 17:55，江苏省徐州矿务局义安矿掘进二区 2201 输送机巷掘进工作面，一名工人发现有一根 200 mm 长的红色雷管脚线，随即用手去拉但未拉动，就对迎头其他人说："下面可能有瞎炮。"有人说："那就放。"这时无人答话，这名工人又继续刨两下，见矸石太硬怕刨响瞎炮，将镐扔下；迎头组长见他放下镐，走过来一句话没说，拿起镐就刨。这名工人担心迎头组长刨响瞎炮，就跑到耙装机前，当他还未坐下时便听见一声炮响，迎头组长当场被崩死，这名工人幸免于难。

164.采掘工作面爆破造成冒顶原因是什么?

采掘工作面爆破造成冒顶主要有以下 10 个方面的原因：

1. 采掘工作面顶板松软破碎，裂隙节理发育，但未采取少装药放小炮的办法进行爆破。

2. 采掘工作面遇有地质构造、矿山压力加剧，未采取加强顶板支护技术措施，而继续使用原普通支架形式。

3. 顶眼装药量过大，爆破时对顶板产生强烈冲击，使顶板破碎、冒落。

4. 顶眼距离顶板太近，眼底甚至打入了顶板岩层内。

5. 炮眼角度不合理，爆破后崩倒崩坏支架，造成空顶，补打支架又未及时跟上。

6. 炮眼排列方式与煤层硬度、采高不适应，有大块煤崩出造成支架崩倒，发生顶板冒落。

7. 一次爆破炮眼数超过规定，造成崩倒大量支架，形成大面积空顶。补打支架又跟不上，由于空顶时间过长而发生冒顶。

8. 采煤工作面爆破与回柱放顶在时间与空间上安排不当，由于回柱放顶对顶板的强烈冲击尚未消除，加上爆破作用的叠加影响，破坏顶板完整性，往往发生冒顶。

9. 工作面爆破地点及其附近支架不牢固，甚至空顶无支架。

10. 采掘工作面没有足够的炮道。

165.如何预防采掘工作面爆破造成冒顶?

根据采掘工作面爆破造成冒顶原因分析，预防采掘工作面爆破造成冒顶主要有以下 8 个方面的措施：

1. 掘进工作面爆破前，必须对爆破地点及其附近 10 m 范围内的支护进行检查和加固。工作面顶板两帮要插严背实，并对支架进行连锁，以增加其稳定性和整体性。

2. 采掘工作面炮眼位置、角度、间距、深度都要符合作业规程要求，特别是掘进工作面要选择合理的掏槽形式。钻眼开口位置要选择得当，避免最小抵抗线方向正对支柱。

3. 采掘工作面有足够的炮道；掘进工作面要有足够掏槽深度。

4. 为减小爆破对顶板的震动、破坏，应采用毫秒延期爆破。

5. 严格按作业规程要求装药，避免装药量过大。当过老巷、断层破碎带时，应采用少装药、一次爆破炮眼个数少的方法，甚至不进行爆破。

6. 采掘工作面遇有地质构造、矿山压力加剧，顶板松软破碎，裂隙节理发育，应采取加强顶板支护技术措施。

7. 在空顶情况下，严禁装药爆破。

8. 合理安排采煤工作面回采工序，避免回柱放顶、采煤和爆破同时对工作面的集中作用，要求它们在空间上要相互错开至少 15 m 的距离，在时间上也要相互错开一定时间。

◎真实案例

1987 年 3 月 14 日 18:18，江苏省徐州矿务局张小楼矿掘进六区在－400 m水平西翼7101工作面回风巷掘进时，钻10个深度为0.3～0.4 m的炮眼，每眼装药半卷（其中一个炮眼未装药）。第一次爆破时放了两个炮眼，第二次放了4个炮眼，将本不稳固的抬棚崩倒。班长和安全网员检查后，安排里外二组人员扶抬棚、穿插梁。当外面一组穿第二根插梁时，一块1.8 m×1.8 m×0.6 m的大矸石突然冒落，将2名工人埋压，其中一人因头部伤势过重，流血过多死亡，另一人轻伤。

166.如何预防爆破崩坏采煤工作面刮板输送机？

爆破崩坏采煤工作面刮板输送机使生产中断，甚至挤倒支柱发生冒顶事故。

1. 发生爆破崩坏采煤工作面刮板输送机的原因

（1）刮板输送机铺设过高，底板不平造成机身不稳。

（2）煤层坚硬、炮眼布置与工作面夹角过大，装药量过大。

（3）底眼数目过多，位置过低，俯角过大。

（4）刮板输送机没有支撑牢固，没有用煤炭掩压机身，溜槽间连接不紧密。

2. 预防爆破崩坏采煤工作面刮板输送机的措施

（1）刮板输送机铺设平、直、稳，尽量降低机身高度，溜槽与溜槽之间紧密连接。

（2）合理布置炮眼的位置、间距、角度，特别底眼尽量减小俯角。

（3）合理进行炮眼装药，特别底眼尽量减小装药量。

（4）爆破前将炮区段机身用煤炭掩压，并且在溜槽另一侧用支柱支撑牢固。

167.如何预防早爆事故?

早爆是指起爆前，雷管、炸药突然爆炸的现象。

在爆炸材料储存、运输、装配引药、装药和连线过程中，都可能突然发生早爆，对人员的生命安全危害极大。

1. 引起早爆原因

(1) 杂散电流引爆。

(2) 井下交流电源一相接地，电雷管脚线或爆破母线又触及另一个接地电源。

(3) 电雷管脚线或爆破母线与漏电电缆接触。

(4) 静电火花引爆。

(5) 雷电引爆。

(6) 电雷管受到意外撞击、挤压。

2. 预防早爆措施

(1) 防止和降低架线式电机车牵引网路的杂散电流。

架线式电机车牵引网路是井下杂散电流的主要来源，应采取措施防止和降低架线式电机车牵引网路的杂散电流。例如，在铁轨接头处焊接铜导线以减少接头电阻。

(2) 井下人员严禁穿化纤衣服，以防摩擦产生静电。

(3) 进入井下的轨道应设置绝缘短节，避免雷电通过轨道传到井下巷道。

(4) 电雷管脚线和连接线、脚线和脚线之间的接头，都必须悬空，不得与任何带电体和潮湿的煤岩壁相接触。

(5) 注意爆破母线与网路连接前是否带有杂散电流，将爆破母线一端随时扭结成短路。

(6) 加强井下电气设备和电缆的检查和维修工作。

(7) 在存放爆炸材料和装配引药的地点，顶板一定要安全可靠，支架牢固架设，工具妥善放置，严防煤（岩）块或硬质器件冲撞或挤压电雷管。

(8) 在杂散电流较大的采掘工作面爆破时，要尽量采用抗杂散电流电雷管。

(9) 要加强监测杂散电流的工作，杂散电流超过 30 mA 时，必须采取可靠的预防杂散电流的措施。

(10) 爆炸材料贮存中早爆的预防措施

1) 防止不可相容爆炸材料的混合存放。井下爆炸材料库的炸药和电雷管必须分开储存。各种爆炸材料的每一品种都应专库储存。

2) 保持库房温度不超过常温。

3) 搞好库房地照明、通信、防雷装置。井下爆炸材料库的照明设备电压不得超过 127 V，且必须防爆；也可使用带绝缘套的矿灯。

168.如何预防迟爆事故?

迟爆是指爆破通电后，炸药延长一段时间才爆炸的现象。迟爆现象往往给人以错觉，误认为是拒爆而进入工作面巡查或进行作业，极容易发生人员伤亡事故。迟爆也称为缓爆。

1. 迟爆的原因

（1）电雷管的电引火装置和引爆药卷不符合质量要求，起爆能力不足，电雷管起爆秒量不正常，其传导和点燃时间过长，导致药卷非正常延期爆炸。

（2）炸药变质、药卷密度过大或过小，降低炸药的爆轰稳定性。炸药被激发后，不能立即发生爆炸反应，但引起了炸药的热分解或爆燃，继而又转化为爆炸。

（3）炮眼内炸药爆轰不稳定，传爆能力差，威力不足。

2. 预防迟爆事故的措施

（1）禁止使用不合格的炸药和电雷管。

（2）装药时应把药卷轻轻推入，避免把炸药挤压过实。

（3）电雷管的聚能穴应与装配位置相符合，同时将电雷管全部插入药卷内。

（4）按照操作规程要求合理装药，使炮眼内各药卷彼此紧密接触。

（5）炮眼迟爆时间可达几分钟，甚至十几分钟。所以，爆破后不能过早地进入工作面，对于使用瞬发电雷管时，最低不少于5 min，对于使用延期电雷管时，最低不少于15 min，方可进入工作面进行检查和处理。

◎真实案例

1991年10月20日中班，福建省邵武煤矿在二号井－200 m水平运输大巷绕道扩帮作业中，爆破作业采用直流电作电源，轨道作回路。爆破后数分钟，1名工人就向新副井车场方向走去找爆破工，当走到－200 m水平运输大巷与新副井下部交叉口，见爆破工已在作业点，便也走过去，爆破工把爆破母线收拾好并往耙岩机旁岩帮上挂好，接着该工人问爆破工："爆炸效果怎样?"爆破工回答："效果不错"。当他们正准备开耙岩机装矸时，突然身旁发生爆炸。该工人当时被炸昏，不一会儿苏醒后发现爆破工躺在离自己 2 m 远处，不断发出呻吟声，终因伤势过重，爆破工经抢救无效死亡，该工人多处轻伤。

169.如何预防放空炮?

放空炮是指炮眼内装药，在爆破时未能对周围介质产生破坏作用，而是沿炮眼口方向崩出的现象。俗称"打筒"。

爆破时出现"打筒"现象既无效消耗了炸药，还可能引起瓦斯煤尘爆炸和火灾事故。据有关资料统计，"打筒"引起瓦斯煤尘爆炸事故次数达爆破引起瓦斯煤尘爆炸事故总次数的 40%以上。

预防"打筒"现象发生主要有以下两方面的措施：

1. 按规定充填炮泥

炮泥对爆炸气体的抵抗，本来就比煤（岩）体对爆炸气体的抵抗小，如果炮泥充填质量差、充填长度小或使用煤粉、煤（岩）碎块充填，极易造成炮眼爆炸后的爆炸气体难以克服煤（岩）体的抵抗而沿着炮口喷出。所以，炮泥材料要符合标准，充填密实要符合要求，充填长度要符合规定。

2. 按规定布置炮眼

炮眼间距大或者炮眼方向与最小抵抗线的方向一致，最小抵抗线随着炮眼间距的增大而增大，而炮眼装药量是有限的，当炸药难以克服煤（岩）体的抵抗线时，势必由抵抗线小的薄弱点

（炮口）冲出。所以，布置炮眼时必须符合设计要求的间距和角度

170. 巷道贯通爆破应注意哪些事项？

巷道贯通是指掘进巷道与另一条巷道的向前接通。由于贯通措施不力和测量误差，往往造成爆破时崩人、崩设备，甚至引起瓦斯爆炸。因此，巷道贯通应注意以下事项：

1. 当贯通的两个工作面相距 20 m，综掘面相距 50 m，只准从一个工作面向前接通。这时必须停止一个工作面掘进，做好调整通风系统的准备工作。停止掘进的工作面仍然保持通风。

2. 巷道贯通前，要检查和排放贯通地点的瓦斯浓度。只有当两个工作面及回风巷风流中的瓦斯浓度都在 1%以下时，掘进工作面方可装药爆破。每次爆破前，在两个工作面内必须设置栅栏和有专人警戒，禁止在工作面作业区内作业和逗留。

3. 距贯通地点 5 m 内，要在工作面中心位置打超前探眼，探眼深度要大于炮眼深度 1 倍以上，眼内不准装药。透位不清，禁止爆破。

4. 巷道贯通爆破时，超过贯通距离而不通透，要立即停止爆破，查明原因，重新采取措施。

5. 巷道贯通爆破前，要加固透点附近 5 m 范围内支架，增设顺山抬棚，摘掉透位处的棚腿，以防崩倒支架和崩坏棚腿，造成坍塌冒顶。

6. 巷道贯通后，必须停止采区内的一切工作，立即调整通风系统，风流稳定后，方可恢复工作。

7. 间距小于 20 m 的联络巷贯通，也必须遵守以上各项规定。

171. 遇老空区爆破应注意哪些事项?

老空是指采空区、老窑和已经报废的井巷。由于老空区内没有排水和通风设施，往往积存着大量的水、瓦斯和其他有害气体。爆破时误穿老空区可能引发水灾、爆炸和熏人事故。

1. 爆破地点距老空区 15 m 前，必须通过打探眼、探钻等有效措施，探明老空的来源，以及老空中水、瓦斯和有害气体情况，如果没有危险，才准装药或爆破。

2. 老空中存有水、瓦斯和有害气体，必须采取有效的积水排泄措施、瓦斯排放措施和火区封闭措施，否则不准装药或爆破。

3. 打眼时，如发现炮眼内出水异常、煤岩松散、工作面温度骤高骤低、瓦斯大量涌出等异常情况，都是接近老空区的预兆，必须停止爆破，查明原因，采取有效措施，爆破条件具备时才可以装药爆破。

4. 揭露老空爆破时，必须将人员撤至安全地点，并在无危险地点起爆。爆破后，只有查明老空区确无水、瓦斯和有害气体等危害后，才准恢复正常工作。

172. 接近积水区爆破应注意哪些事项?

透水是煤矿五大灾害之一。由于水文地质情况不清，积水区位置掌握不准确，往往在爆破时，积水涌出淹没矿井，冲毁设备，威胁矿工生命安全。所以，接近积水区爆破应注意以下事项：

1. 在接近有透水危险的地点爆破时，必须坚持“有疑必探，先探后掘”原则。

2. 接近积水区时，要根据实际情况，编制切实可行的探放水设计和安全技术措施，否则禁止爆破。

3. 接近积水区时，如发现有透水预兆，要停止作业，爆破工停止装药、爆破，及时汇报，查明原因，采取措施；情况紧急时，必须发出警报，爆破工和其他人员要立即撤出受水威胁的地点。

4. 钻眼时，如发现炮眼涌水，立即停止钻眼，不要拔出钻杆，并马上向班组长或调度室汇报。

173. 爆破方法处理溜煤眼堵塞时应注意哪些事项?

我国急倾斜煤层，大多以溜煤眼作为运煤通道，经常发生煤（岩）堵塞溜煤眼现象。目前处理溜煤眼堵塞普遍采用爆破方法，因而由于爆破而引起溜煤眼煤尘或瓦斯爆炸时有发生。

1. 爆破方法处理溜煤眼堵塞的危害

（1）溜煤眼堵塞常造成瓦斯积聚，甚至超标达到爆炸浓度。

（2）溜煤眼内存有大量浮尘和落尘，特别是受爆破震动影响，浮尘很容易超标达到爆炸浓度。

（3）爆破方法处理溜煤眼堵塞时，大多采用“明炮”的方法，即炸药裸露爆炸。“明炮”的爆炸火焰直接暴露在溜煤眼空气中，很容易成为引爆瓦斯、煤尘的火源。

2. 爆破方法处理溜煤眼堵塞的规定

(1) 必须采用煤矿许用刚性被筒炸药或不低于该安全等级的煤矿许用炸药。

(2) 每次爆破只准使用1个煤矿许用电雷管，最大装药量不得超过450 g。

(3) 爆破前必须检查溜煤眼内堵塞部位的上下部空间瓦斯，瓦斯浓度达1%时禁止爆破。

(4) 每次爆破前，必须洒水降尘。

(5) 在安全受到危险的地点必须撤人、停电。

◎**真实案例**

1958年10月16日，河北省开滦矿务局赵各庄矿在六道巷西12石门6231采煤工作面溜煤眼堵塞时，爆破引起了煤尘爆炸。溜煤眼长度14～16 m，在中部被煤矸堵塞，由下口用木棍将二级煤矿许用炸药送入堵塞处爆破。第一次送2卷炸药未炸通，造成溜煤眼内煤尘飞扬；第二次送3卷炸药又未炸通，造成溜煤眼内不仅煤尘飞扬，而且比较干燥；第三次送4卷炸药，爆破后立即发生了煤尘爆炸事故，导致死亡2人、重伤33人。

174. 浅眼爆破时应注意哪些事项?

浅眼爆破是指炮眼深度小于0.6 m时的爆破。《煤矿安全规程》(2010版) 中规定，炮眼深度小于0.6 m时，不得装药、爆破。但是，由于煤矿井下作业条件的特殊性，经常会遇到小于0.6 m深度的炮眼需要爆破的情况。例如，巷道的挖底、刷帮、挑顶，采煤工作面煤壁找直、底板找平和大块岩石二次破碎等。

《煤矿安全规程》（2010 版）又规定，在特殊条件下，炮眼深度小于 0.6 m 爆破时，必须制定安全措施，同时必须封满炮泥。

为了确保安全，浅眼爆破时应注意以下事项：

1. 每孔装药量不得超过 150 g。

2. 炮眼必须封满炮泥。

3. 爆破前必须在爆破地点附近洒水降尘并检查瓦斯浓度，瓦斯浓度达到 1%时，不准爆破。

4. 检查并加固爆破地点附近支架。

5. 采取有效措施，保护好风、水管路，电气设备及其他设施，以防崩坏。

6. 爆破时，必须布置好警戒并有班组长在现场指挥。

175.销毁爆炸材料有什么规定?

煤矿企业必须按《民用爆炸物品安全管理条例》（中华人民共和国国务院令第 466 号，2006 年 4 月 26 日国务院第 134 次常务会议通过，2006 年 9 月 1 日起施行）和《爆破安全规程》的规定，建立爆炸材料销毁制度。

1. 对爆炸材料的检验

经过检验，确认失效的和不符合技术条件要求的，或不符合国家标准的爆炸材料都应销毁。

2. 销毁爆炸材料的方法通常有爆破法、烧毁法和溶解法等三种销毁方法。

3. 销毁爆炸材料的安全注意事项

（1）销毁爆炸材料必须填写报告，说明被销毁爆炸材料的名称、数量、销毁原因、方法、地点和时间，在取得矿长同意批准后，在驻矿安全监察部门和当地公安机关共同参与下进行。

（2）严禁将应销毁的爆炸材料用于采掘生产、开山炸石、炸鱼或狩猎，严禁出售、转让或丢弃。

（3）销毁爆炸材料不应在恶劣天气或夜间进行。不得单人进行。

（4）销毁场地应选在安全偏僻地带，距周围建筑物不小于200 m；距铁路、公路不小于50 m。

（5）在销毁场地内应建立安全可靠的销毁人员掩蔽所、临时存放库和引爆药卷准备室，它们相互之间符合规定的距离。

4. 乡镇煤矿对不合格的爆炸材料，不应自行销毁或自行加工利用，应退回原发单位按规定进行销毁或再加工。

176.井下爆破管理安全质量标准化如何检查评分?

井下爆破管理是矿井通风安全质量标准化11大项之一。它的评分高低影响矿井通风安全质量标准化定级。

1. 矿井通风安全质量标准化考核评级办法

（1）以自然井为基本评定单位。

（2）检查结果各大项均达90分及以上为一级矿井；达80分及以上为二级矿井；达70分及以上为三级矿井。

（3）检查大项的最低得分为矿井的定级分。

（4）各检查大项中缺分项的，不查不计；检查分项中缺小项的，以该检查分项的其他小项得分的百分比折算计分。扣分原则，本项分数扣完为止。

(5) 在同一等级中，以 11 个检查大项得分的平均分多少排列名次。凡进行瓦斯抽放、实施防治突出的矿井，每有一项，在上述平均分中加 2 分后再排名次。

(6) 在检查周期内每死亡 1 人，降一级扣 5 分再计人矿通风总分，得分不超过下一级的最高分。死亡 3 人取消评级资格。

(7) 年度等级的确定：以 4 个季度的定级分平均得分定级。

2. 井下爆破管理（本大项共 100 分）

(1) 井下爆破材料库符合《煤矿安全规程》(2010 版) 规定，查现场和记录。本小项共 10 分。发现一处不符合规定扣 5 分。

(2) 矿井建立爆破材料领退制度、电雷管编号制度和爆炸材料丢失处理办法，查现场和记录。本小项共 10 分。未建立制度及管理办法，该小项不得分，少一项制度扣 5 分。

(3) 爆破作业必须执行“一炮三检制”和“三人连锁”放炮制度，查现场和记录。本小项共 15 分。发现一次未执行制度，该小项不得分。

(4) 爆破作业必须编制爆破作业说明书，其内容符合《煤矿安全规程》要求，爆破工必须依照说明书进行爆破作业，查现场和记录。本小项共 20 分。无爆破作业说明书，该小项不得分。发现一次未依照说明书作业扣 5 分。

(5) 高瓦斯、突出矿井采掘工作面放炮必须执行停电制度，查现场和记录。本小项共 10 分。未执行停电制度，该小项不得分。

(6) 实行爆破作业的采掘工作面，必须采用湿式打眼（由于地质条件所限不能湿式打眼的，要制定专门措施）和放炮使用水炮泥，放炮前后要洒水和冲洗巷帮（特殊情况下不洒水要经公司批准），掘进工作面实行放炮喷雾，查现场和记录。本小项共 15 分。发现一处不符合要求扣 2 分。

（7）矿井配有足够的爆破专业人员，查阅有关资料与井下抽查。本小项共 10 分。人员不足扣 5 分。

（8）特殊情况下爆破作业，必须严格执行经矿技术负责人批准的专项措施，查现场和措施。本小项共 10 分。无措施该小项不得分。

177.发生煤矿灾害时自救、互救有什么必要性?

所谓“自救”，就是矿井发生意外灾变事故时，在灾区或受灾变影响区域的每个工作人员避灾和保护自己而采取的措施及方法。

而“互救”则是在有效的自救前提下，为了妥善地救护他人而采取的措施及方法。

在矿井发生重大灾害事故的初期，在通常情况下，灾害波及的范围和对人员的危害都比较小，既是抢救事故的有利时机，又是决定矿井和矿工生命安全的关键时刻。一般来说，事故发生后，矿山救护队不可能由地面马上就赶到事故现场进行抢救，而处于灾区的现场作业人员在万分危急的情况下，依靠自己的智慧和力量，积极、正确地采取应急自救互救，具有及时性、就近性、广泛性、自发性和有效性，是保证灾区人员自身安全和控制灾情进一步扩大，将灾害事故消灭在萌芽阶段和初始状态，最大限度地减少事故损失的重要环节。即使在事故处理的中、后期，现场作业人员应急自救互救，对提高抢险救灾工作成效也具有重要的作用。

因此，要求每个入井人员都必须熟知以下内容：

(1) 熟悉所在矿井的灾害预防和处理计划。

(2) 熟悉矿井的避灾路线和安全出口。

(3) 掌握避灾方法，会使用自救器。

(4) 掌握抢救伤员的基本方法及现场急救的操作技术。

178.矿工应急自救互救的基本原则是什么?

矿工应急自救互救应符合以下基本原则：

1. 及时报告灾情

发生灾害事故时，要立即向现场领导报告，或通过电话及其他联络方法向矿调度室报告事故发生的时间、地点、灾情及遇险人员情况等。

2. 积极消除灾害

(1) 及时扑灭灾情

在保证安全的前提下，采取积极有效的措施，将事故消灭在初始阶段或控制在最小范围内，最大限度地减少事故造成的伤害和损失。

(2) 积极抢救遇险人员

灾害事故发生后，处于灾区内以及受灾害威胁区域的人员，应沉着冷静，根据灾情和现场条件，在保证自身安全的前提下，采取积极有效的方法和措施，抢救遇险人员，控制灾情在最小范围，最大限度地减少和避免事故造成的伤亡和损失。在抢救过程中，要坚持统一指挥，不得冒险蛮干，采取可靠的安全措施。防止灾区条件恶化，威胁抢救人员安全，造成灾情扩大。

3. 迅速撤离灾区

当受灾现场不具备事故抢救条件或可能危及抢救人员安全时，应由现场负责人或有经验的老工人带领，根据《矿井灾害预防和处理计划》提示的撤退路线和现场实际情况，选择安全条件最好、距离最短的路线，迅速撤离灾变区域。在撤退时，要服从现场领导统一指挥，根据灾情使用个体防护用品。

（1）遇到瓦斯、煤尘爆炸事故时，要迅速背向空气震动方向、面朝下卧倒，并用湿毛巾捂住口鼻或迅速戴好自救器。冲击波过后，位于爆炸中心点上风侧人员，迎着风流撤退；位于爆炸中心点下风侧人员，尽量低着头，快速逃向新鲜风流区域至地面。遇有冲击波及火焰袭来时，应屏住呼吸，背向冲击波俯卧在底板上或水沟内。

（2）遇到火灾事故时，首先判明灾情和自己的处境，能灭则灭；不能扑灭时，位于火灾上风侧人员，要迅速戴好自救器或用湿毛巾捂住口鼻，迎着风流快速撤退；同时要注意可能产生的火风压造成反风带来的危害。位于火灾下风侧人员，戴好自救器或用湿毛巾捂住口鼻，沿最近、风量最小的避灾路线躬身快速撤离灾区。

(3) 遇到水灾事故时，应尽量避开突水水头；难以避开时，要抓紧身边牢固物体，并深吸一口气，待水头过后开展自救互救。能够撤离灾区人员，要背对突水区域，选择上行路线，快速撤到上一水平或较高巷道升井。

4. 妥善安全避灾

发生灾变时，现场人员如因通路堵塞、自救器不起作用或煤与瓦斯突出等原因无法安全撤离时，应迅速进入预先构筑的避难硐室或其他安全地点暂时躲避，同时在硐室外留下明显标志，并间断敲打轨道或铁管等发出求救信号，等待救援。

179.自救器有什么作用?

自救器是一种轻便、体积小、便于携带，戴用迅速、作用时间短的个人呼吸保护装备。当井下发生火灾、爆炸、煤和瓦斯突出等事故时，供人员佩带和使用，可有效防止中毒或窒息。

当煤矿井下发生灾害事故以后，例知瓦斯爆炸、煤尘爆炸、火灾或冒顶、透水等事故将井下人员围困在密闭的空间里，都会造成有害气体增加，氧气含量减少。人们在灾害事故环境中逃生或避灾，会因缺氧和吸入过量有害气体而发生中毒、窒息甚至死亡恶果，因此，这时必须佩戴好自救器。

《煤矿安全规程》(2010 版) 中规定，入井人员必须随身携带自救器。在突出煤层采掘工作面附近、爆破时撤离人员集中地点必须设有直通矿调度室的电话，并设置有供给压缩空气设施的避难硐室。

180.自救器分为哪几类?

当井下发生火灾、瓦斯和煤尘爆炸、煤与瓦斯或二氧化碳突出等灾害时，井下人员应立即佩戴自救器脱险，免于中毒或窒息而死亡。自救器有过滤式和隔离式两大类。过滤式自救器实际是一种小型的防毒面具，它能吸收空气中的一氧化碳；隔离式自救器（化学氧自救器和压缩氧自救器）则是一种小型的氧气呼吸器，它能利用自救器内部配备的化学品（或氧气），通过化学反应产生氧气，供佩戴人呼吸。

过滤式和隔离式自救器主要区别在以下两个方面：

1. 供人呼吸的氧气来源不同

过滤式自救器供人呼吸的氧气仍是外界空气中的氧气；而隔离式自救器供人呼吸的氧气是由自救器本身供给（化学氧隔离式自救器是靠自救器内化学生氧装置产生氧气；压缩氧隔离式自救器在自救器内装有高压氧气瓶），与外界空气成分无关，故能隔离所有有害气体（包括有害气体种类和有害气体浓度）。

2. 选用原则不同

对于流动性较大、可能遇到各种灾害威胁较多的人员，如安全检查员、瓦斯检查员和矿井测风工等，应选用隔离式自救器。就地点而言，在有煤与瓦斯突出矿井、区域的采掘工作面和瓦斯矿井掘进工作面，应选用隔离式自救器。而其他情况下，一般可选用过滤式自救器。

181.如何佩戴过滤式自救器?

过滤式自救器是利用装有化学氧化剂的滤毒装置，将有毒空气氧化成无毒空气供佩戴者呼吸用的呼吸保护器。它仅能防护一氧化碳一种气体。适用于灾区内空气中氧浓度不低于 18%和一氧化碳浓度不低于 1.5%。

1. 过滤式自救器的构造

过滤式自救器外部结构主要有：橡胶保护罩、上外壳、下外壳、扳手、封口带、腰带环和号码、标志、说明牌等。

过滤式自救器内部结构主要有：鼻夹、口具、头带、呼气阀、吸气阀、口水挡板、过滤药缸（触媒剂和干燥剂）、滤尘层、减振垫和补偿弹簧等。

2. 正确佩戴过滤式自救器步骤如下：

（1）取下护罩。

（2）开启扳手。

（3）扔掉外壳。

（4）拉开鼻夹。

（5）咬住牙垫。

（6）夹住鼻子。

（7）戴上头带。

（8）戴上矿帽。

（9）撤离灾区。

3. 佩戴过滤式自救器注意事项

（1）在井下工作，当发现有火灾或瓦斯爆炸现象时，必须立即佩用自救器，撤离现场。

（2）佩用自救器时，当空气中一氧化碳浓度达到或超过 0.5%，吸气时会有些干热的感觉，属正常现象。必须佩用到安全地带，方可取下，切不可因干热感觉而取下。

（3）佩用自救器撤离时，要求匀速行走，保持呼吸均匀。禁止狂奔和取下鼻夹、口具或通过口具讲话。

（4）佩用自救器时，因外壳碰瘪，不能取出过滤罐，则带着外壳也能呼吸。为减轻牙齿负荷可以用手托住罐体。

（5）平时要避免摔落、碰撞自救器，也不许当坐垫用，防止漏气失效。

182.如何佩戴隔离式自救器？

1. 隔离式自救器分类

隔离式自救器根据自救器内氧气来源不同，可分为以下两类：

（1）化学氧自救器

利用化学生氧物质产生氧气，供矿工从灾区撤退脱险所使用的呼吸保护器。用于灾区环境大气中缺氧或存在有毒气体。

（2）压缩氧自救器

利用压缩氧气供氧的隔离式呼吸保护器，是一种可反复多次使用的自救器，每次使用后只需要更换新吸收二氧化碳的氢氧化钙吸收剂和重新充装氧气即可重复使用。用于有毒气体或缺氧的环境条件下。

2. 正确佩戴隔离式自救器

（1）扳启开启环，拉开封口带。

（2）掰开上盖，扔掉上盖。

（3）把背带套在脖子上。

（4）拔起口具塞，咬住口具，夹住鼻夹。

（5）调整背带长度。

（6）系上头带，戴好安全帽，立即撤离灾区。

3. 使用隔离式自救器注意事项

（1）隔离式自救器使用范围广，不受条件限制；使用时间运动时不少于 40 min，静坐时可达 2～3 h。

（2）如果启动装置失灵，启动药块不启动，气囊没鼓起，应在咬住口具后，用嘴向气囊内吹一口气，立即夹上鼻夹，待药块放氧后即可正常行走。佩戴约 20 min 后，启动药块由于受热而自行反应，这时氧气过剩，会有短时不适感，一般在 10～30 s 后即可恢复正常。

（3）如气囊内气体很足，呼气困难时，可用手向外拉一下排气阀尼龙绳并立即松手，可排除因阻力大而造成的呼吸困难。

（4）撤离灾变现场时，不要惊慌，要匀速快步行走，保持呼吸均匀，禁止狂奔快跑。在没到达安全地点前严禁取下鼻夹和口具。

◎真实案例

2000 年 9 月 27 日 20:38，贵州省水城矿务局木冲沟矿发生一起瓦斯煤尘爆炸事故，事故波及整个四采区，当班井下有 244 人作业，由于该煤矿未按规定配备自救器，造成死亡 162 人，重伤 14 人，轻伤 23 人。

自救器主要用于煤矿采掘工作中发生瓦斯爆炸、火灾和瓦斯突出等自然灾害时保证工作人员的呼吸安全，是煤矿事故中工人逃生自救的必要工具。《煤矿安全规程》（2010 版）明确规定，煤矿“入井人员必须随身携带自救器”。然而，灾难发生时，很多矿工没能通过“自救器”获得保护。

183.如何利用避难硐室进行自救?

避难硐室是供矿工在遇到事故无法撤退而躲避待救的设施。利用避难硐室避难时应注意以下事项：

1. 进入避难硐室前，应在硐室外留有衣物、矿灯等明显标志，以便救援人员发现。

2. 待救时应保持情绪稳定，不要急躁，尽量俯卧于底部，以保持精力、减少氧气消耗，避免吸入有毒气体。

3. 硐室内只留一盏矿灯照明，其余全部关闭，保持照明时间。

4. 间断敲打水管、轨道或巷帮等，发出呼救信号。

5. 避灾人员要团结互助，服从在场的管理人员或有经验的老工人指挥，保持逃生信心。

6. 被水堵在上山时，不要向下跑出探望；水被排走露出棚顶时，也不要急于出来，防止二氧化硫、硫化氢等气体中毒。

◎真实案例

1990 年 12 月 11 日，河北省唐山市古冶煤矿发生煤尘爆炸事故。发生事故当班 12 槽底区边眼掘进，板区顺槽掘进 5 人。边眼掘进放炮时引发爆炸。事故发生后，侦察发现板区顺槽的掘进人员全部死在底区顺槽的小煤门处。爆炸发生后，两台局部通风机被破坏。事后分析当时的情况，板区掘进的 5 人听到爆炸声后，由掘进头向外跑，当跑到底区顺槽时，吸入高浓度的一氧化碳气体（事后侦察后得知一氧化碳浓度为0.5%），造成一氧化碳中毒死亡。当年该矿未配备自救器，如果有自救器的话，板区掘进的5人就可佩戴自救器逃生。或者如果当时这5人懂得避灾不出来，在顺槽口利用风筒打临时风障、建造临时避难硐室等待救援，也可能获救。

184.矿工在灾区自救、互救的行动准则是什么？

1. 因事故造成自己所在地点有毒有害气体浓度增高，可能危及人员生命安全时，必须及时正确地佩戴自救器，并严格制止不佩戴自救器的人员进入灾区工作或通过窒息区撤退。

2. 在受灾地点或撤退途中，发现受伤人员，只要他们一息尚存，就应组织有经验的同志积极进行抢救，并运送到安全地点。

3. 对于从灾区内营救出来的伤员，应妥善安置到安全地点，并根据伤情，就地取材，及时进行人工呼吸、止血、包扎、骨折临时固定等急救处理。

4. 在现场急救和运送伤员过程中，方法要得当，动作要准确、轻巧，避免伤员扩大伤情和遭受不必要的痛苦。

5. 在灾区内避灾待救时，所有遇险人员应主动把食物、饮用水交给避灾领导人统一分配，矿灯要有计划地使用。

185.当发生瓦斯、煤尘爆炸事故时应如何自救与互救？

瓦斯爆炸前感觉到附近空气有颤动的现象发生，有时还发出嘶嘶的空气流动声。这可能是爆炸前爆源要吸入大量氧气所致，一般被认为是瓦斯爆炸前的预兆。

井下人员一旦发现这种情况时，要沉着、冷静，采取措施进行自救。具体方法是：背向空气颤动的方向，俯卧倒地，面部贴在地面，闭住气暂停呼吸，用毛巾捂住口鼻，防止把火焰吸入肺部。最好用衣物盖住身体，尽量减少肉体暴露面积，以便减少烧伤。为什么要立即卧倒呢？这是为了降低身体高度，避开冲击波的强力冲击，减少危险。

1. 掘进工作面瓦斯爆炸后矿工的自救与互救措施

如发生小型爆炸，遇险矿工应立即打开随身携带的自救器，佩戴好后迅速撤出受灾巷道到达新鲜风流中。

如发生大型爆炸，遇险矿工应佩戴好自救器，千方百计疏通巷道，尽快撤到新鲜风流中。如巷道难以疏通，应坐在支护良好的棚子下面，或利用一切可能的条件建立临时避难硐室，并利用压风管道、风筒等改善避难地点的生存条件。

2. 采煤工作面瓦斯爆炸后矿工的自救与互救措施

采煤工作面进风侧的人员一般不会受到严重伤害，应迎风撤出灾区。回风侧的人员要迅速佩用自救器，经最近的路线进入进风侧。

186.煤与瓦斯突出事故发生时有哪些自救与互救措施?

发现突出预兆后现场人员避灾措施：

1. 采面人员发现预兆时，要迅速向进风侧撤离，并通知其他人员同时撤离。撤离中应快速打开自救器并佩戴好，再继续外撤。

2. 在掘进工作面发现突出预兆时，也必须向外迅速撤离。撤至防突反向风门外后，要把防突风门关好，再继续外撤。

3. 如果自救器发生故障或佩戴自救器不能到达安全地点时，在撤出途中应进入预先筑好的避难硐室中躲避，或在就近地点快速建筑的临时避难硐室中避灾，等待矿山救护队的救援。

4. 要注意延期突出。有些矿井，出现了突出的某些预兆，但并不立即突出，过一段时间后才发生突出。因此，遇到这种情况，现场人员不能犹豫不决，必须立即撤出，并佩戴好自救器。

◎真实案例

1991 年 3 月 24 日 11:25，湖南省白沙矿务局红卫煤矿在石门揭煤工程中因爆破误穿煤层引起煤与瓦斯突出。突出煤量约 1 945 t，堆积巷道 300 m，涌出瓦斯逆流 1 300 m。因为该石门的回风上山没有贯通，上部采煤工作面串联通风。在发生突出事故时，现场作业人员的自救器均未能做到随身携带、及时使用，使该工作面掘进人员和上水平回风流中采煤人员共 30 名全部遇难，重伤 1 人，轻伤 9 人。

187.发生火灾时应如何自救互救?

在煤矿井下发生火灾时，现场作业人员应采取以下方法进行自救互救：

1. 积极扑灭初始火灾

在井下发现烟雾或明火以后，应立即组织人员使用灭火器、水和砂土等进行扑灭。火灾灾情严重时，通知附近作业人员迅速撤离现场，并就近用电话向矿调度室报告。

2. 迅速撤离火灾现场

如果不能直接灭火或采取直接灭火无效，现场人员应迅速撤离灾区，任何情况下不可盲目行动。位于火源进风侧的人员，应迎着新鲜风流撤退；位于火源回风侧的人员或是在撤退途中遇到烟气有中毒危险时，应迅速佩戴好自救器，尽快通过捷径绕到新鲜风流中；或在烟气没有到达之前，顺着风流尽快从回风出口撤到安全地点；如果距火源较近而且越过火源没有危险时，也可当机立断穿越火区撤到火源的进风侧。

在有烟雾的巷道里撤退时，应尽量躬着腰、低着头前进。如烟雾大、视线不清或温度高时，则应尽量贴着巷道底板和两帮，摸着铁道或管道、棚腿等爬行撤退。在高温浓烟的巷道里撤退时，还应注意利用巷道中的水浸湿毛巾、衣服或向身上浇水等办法进行降温，或利用随身物件遮挡头、面部，以防高温烟气的刺激等。在倾斜巷道撤退时，还要随时注意观察巷道和风流变化情况，以防火风压使风流发生逆转造成伤害。

当发现有发生爆炸的征兆时，应立即避开正面巷道，进入躲避硐室内，迅速佩戴自救器。如果情况紧急，应背向爆源，靠巷道一帮俯卧在地向外爬行。倘若巷道侧有水沟，应立即滚入水中，屏住呼吸将头面浸入水中。

3. 妥善避灾，等待救援

当井下发生火灾后，如果撤退受到火焰、高温烟雾的危害时，或者巷道受冒顶、积水阻塞无法通过时，都应立即进入避灾硐室暂避；如果附近没有避灾硐室，应在烟雾来袭之前，选择合适地点，利用现场条件建造临时避灾硐室，进行自救、互救和现场急救；如果附近装有压风自救系统、压风机供气和供水管道或运转的局部通风机，要利用它们呼吸新鲜空气，但要注意防寒保暖。

4. 局部控制风流，减轻火情

当发生矿井火灾后，现场作业人员应利用附近条件实现局部反风、风流短路、对区风流方向和风量大小进行调整控制，以达到减轻火灾危害和接近火源进行灭火。同时，要随时注意观察巷道风流变化，若遇火风压造成风流逆转，威胁避灾安全时，必须马上转移到另外安全地点。

◎真实案例

1997 年 4 月 14 日，辽宁省抚顺老虎台煤矿在处理－480 m 水平 507 采区 5 道斜管子道高顶浮煤自然发火时，从 9:30 开始灭火到 10:50 发生第一次瓦斯爆炸，整个采区人员没有撤出，至 19:07 连续发生 4 次瓦斯爆炸，致使 83 人死亡。

◎真实案例

1984 年 2 月 2 日 04:30，河南省平顶山矿务局大庄煤矿 22231 巷道刮板输送机液力联轴节冒火引发火灾。1 名电工在联络巷嗅到了烟味，果断地关闭了局部通风机，使掘进作业人员因停风而及时撤离危险区。

但是，仍有 9 名采煤作业人员被围困在火烟区内。他们在驻矿安监处副处长的统一组织下，先转移到采煤工作面回风巷的风门以外，停开原生产期间为加大风量用的局部通风机，以降低高负压区。然后立即用衣服等物，将风门严密封闭。为了减少耗氧量，大家静止待命，节约矿灯电量，当烟雾逆退时，他们将回风侧的三道灭尘水幕打开，达到降温、隔绝烟雾逆流、消烟和吸收一氧化碳的目的。当烟雾消失后，他们进入工作面用电话向矿调度室进行了汇报。经过 4 h 的自救互救，全部遇险人员安全脱险。

188. 当独头巷道发火时应采取哪些避灾自救措施?

1. 独头掘进巷道火灾多因电器故障或违章爆破造成，其特点是发火突然，但初起火源一般不大，发现后应及时采取有效、果断措施扑灭。

2. 掘进巷道一般采用局部通风机进行压入式通风。风筒一旦被烧，工作面通风就被截断，人员逃生的出路也被切断。因此，巷道着火后，位于火源里侧的人员，应尽一切可能穿过火源撤至火源外侧，然后再根据实际情况确定灭火或撤退方法。

3. 人员被火灾堵截无法撤退到火源外侧时，应在保证安全的前提下，尽一切可能迅速拆除引燃的风筒，撤除部分木支架(在不引起冒顶的情况下)及一切可燃物，切断火灾向人员所在地点蔓延的通路。然后，迅速构筑临时避难硐室，并严加封堵，防止有害烟气侵入。若巷道内有压风管道，可放压气用以避灾自救。若有输水管道，可放水用以改善避灾条件。但在用水控制火势、阻止火灾向人员避灾地点蔓延时，应特别注意水蒸气或巷道冒顶给避灾人员带来的危害。

4. 如果其他地区着火使独头掘进巷道的巷口被火烟封堵，人员无法撤离时，应立即用风障(可利用巷道中的风筒建造)等将巷口封闭，并建立临时避难硐室。若火烟通过局部通风机被压入巷道时，则应立即将风筒拆除。

189.被水围困地点存有空气的条件是什么?

空气是人能否生存的首要条件。只要有空间就会有空气，被水围困人员就有生存条件。当然，这里所说的“空气”包括两个方面的含义：是否有空气和空气质量是否符合要求。

1. 位于透水点上方或被涌水淹没地点的上方存有空气。

常言道：人往高处走，水往低处流。当发生矿井透水事故时，位于透水点上方或被涌水淹没地点的上方，一般都有空气，对现场作业人员的生命构不成危险。

2. 由于井下发生透水事故时，一般来势凶猛，水向下奔流时将透水点下部巷道中的空气挤出，因为透水后涌水不可能充满整个巷道断面往下奔流，只要不充满整个巷道空间，就会有间隙，空气就会被挤出，直至下部巷道被水全部淹没，才不会有空气存在。所以，矿井透水时，位于透水点下方巷道，只要未被涌水全部淹没，仍然存在空气。

3. 矿井发生透水后，涌水首先将下部巷道淹没，使这些巷道没有排泄空气的间隙。但与这些巷道相连通的倾斜巷道，如果上部为独头巷道且严密不透气，即使低于外部水位时，也不会全部被水淹没，仍有被压缩的空气存在，这时躲避在这些巷道上部空间的遇险人员就具备生存必需的条件。这种情况在矿井水灾案例中是比较常见的。

这时千万注意不能采用打钻送风的方法。因为密闭的空间一旦与外界相通，矿井积水将沿着上山斜巷上升，直至淹没整个被水围困人员的避灾空间。

4. 在特殊情况下，发生矿井透水事故以后，由于水势凶猛，可能夹带着一些杂料、设备和煤矸等物，堵塞通向下部巷道的水流通道，这时透水点下方的巷道未全部淹没，便开始淹没上部巷道，下部巷道也可能存在空气。对于这种情况，必须根据地质资料慎重研究与处理。

190.断绝食物时人体的能量供给来源是什么?

俗话说：人是铁，饭是钢，一顿不吃饿得慌。但是在断绝食物的情况下，人并不会立即死亡。在国外，有人举行饥饿比赛，在只喝水的情况下，世界最高纪录能存活 58 天。

根据研究结果，人如果不吃不喝，生命只能维持七八天，这是因为水是人体的重要组成部分和生活不可缺少的物质。人体有 78%是由水组成的。水中虽然不存在具有营养价值的东西，但人在断绝食物来源的情况下，喝水可以促进人体内新陈代谢的进行，消耗体内自身储存的糖、脂肪和蛋白质，以维持人体的能量供给。

因此，井下被水围困人员只要有空气和水，生命就可以维持较长时间。一个正常男子（体重 65 kg）体内储存的可供利用的热量为 285 MJ，在空腹静卧时，每 24 h 消耗热量 5.86～7.53 MJ，也就是说，人体在断绝食物的情况下，如果有空气和饮用水的供给，大约能生存 38 天。

根据井下被水围困人员的亲身体会，在断绝食物的情况下，开始两三天还可以忍受，但到四五天后，就会感到饥饿难忍。为了减少饥饿的痛苦，被水围困人员往往饥不择食，什么东西都往肚子里填。有的人嚼煤块、啃木头、撕吃棉絮、布料和纸团等。这些东西吃下去以后，能把胃撑起来，以减少饥饿的痛苦。但实际上它们并没有人体所需要的糖、脂肪和蛋白质，无营养价值，也不能被人体所吸收。有的人见到胶皮带、风筒带和电缆皮以后，就拿来放到口里咀嚼，并吞咽到肚子里。其实这些物品同样毫无营养价值，吃下去后根本消化不了。因此，吞吃这些物品只会有害无益，吃多了更是不堪设想。

过去有些煤矿井下采用畜力运输，矿井发生透水事故后，牲畜也被困在里面。牲畜肉的营养价值比较高，可以食用，但一定要注意防止食物中毒和避免过量食用。

◎真实案例

2006 年 5 月 18 日 20:30，山西省大同市左云县张家场乡新井煤矿发生透水事故，涌水很快淹没了整个矿井。当时井下现场作业人员共有 266 人，其中 210 人安全上井，另 56 人被水围困遇难。在安全上井的现场作业人员中，有 58 人是透水后通过应急自救互救，成功地撤离灾区安全脱险自行上井的。

191.矿井透水时应如何进行自救互救?

井下职工在生产过程中发现任何透水预兆，都必须立即停止工作，将情况向上级汇报，并及时采取安全措施。如有可能，掘进工作可采取边探边掘，探水眼必须超前掘进巷道。如果情况紧急，透水即将发生，必须立即发出警报，迅速采取果断措施，防止透水发生，并及时撤出所有水害威胁地点的人员。

1. 发生透水时，现场人员应采取一切有效措施，尽可能堵住出水口，防止事故扩大。同时报告调度室并迅速通知受水威胁地区的人员撤离。如情况紧急，水势迅猛，来不及或无法堵住出水时，现场人员应迅速组织起来，按规定的避灾路线尽快撤离险区。撤退时应从最近的路线撤至上一水平的进风巷或地面。若来不及撤至上一水平或地面时，可到独头山暂避待救。遇难人员要保持镇静，避免体力的过度消耗。同时要坚信上级领导一定会全力营救，能够安全脱险。

2. 行进中，应靠近巷道一侧，抓牢支架或其他固定物，尽量避开压力水头和泄水流，并注意防止被水中滚动的矸石和木料撞伤。

3. 如透水破坏巷道中的照明和路标，迷失行进方向时，遇险人员应朝着有风流通过的上山巷道方向撤退。

4. 在撤退沿途和所经巷道交叉口，应留设指示行进方向的明显标志，以提示救护人员注意。

5. 人员撤退到竖井，需从梯子间上去时，应遵守秩序，禁止慌乱和争抢。行动中手要抓牢，脚要蹬稳，切实注意自己和他人安全。

6. 如唯一出口被水封堵、无法撤退时，应有组织地在独头工作面躲避，等待救护人员营救。严禁盲目潜水逃生等冒险行为。

7. 迫不得已时，可爬上巷道中高冒空间待救。老窨透水，则须在避难硐室处建临时挡墙或吊挂风帘，防止被涌出的有毒气体伤害。进入避难硐室前，应在硐室外留设明显标志。

8. 需要饮用井下水时，应选择适宜的水源，并用纱布或衣服过滤。不能随便饮用井下水，以免中毒。

◎**真实案例**

2005 年 4 月 24 日的蛟河市腾达煤矿透水事故发生后，救援人员一直全力抢救被困人员。同时，安全矿长步××带领 38 位矿工井下自救 27 h，39 人自救成功。事发当天，步××是和别人换班来到井下的。在 6 点多钟的时候，他突然感觉井下风特别大，大得异乎寻常，步××认为可能出事了。步××一边安慰大家，一边指挥大家顺着风向寻找风口。大约走了 100 m 左右，水流突然涌现，步××赶紧指挥大家向回风口撤退。就在矿工们正在向回风口走时，水流突然变大，矿工们一下子被冲散了，他和 15 名矿工站在一块 $5\ m^2$ 左右的地方，相互抱着躲水。在他们身旁，大约 1.5 m 深的地下已是浊流滚滚。3 h 过去了，步××见水流渐小，便带着 15 名矿友继续向着有风的地方前进。他们这 16 个人来到了井下的大车场，并在那里遇见了另外 23 名矿工。这时大家发现通风口处的 5 个出口也全部被封死，此刻四周是黑黝黝的煤壁，工人头上的矿灯照在彼此焦灼的脸上。其中一个最小的矿友含着眼泪对步××说："矿长，我的孩子才 6 个月啊!"步××说："不要怕，我们一定会出去的!"随后，步××把大家分成若干小组，用手扒开堵在通道里的泥土。这个最小的矿工叫毛××，今年 24 岁，结婚才两年，孩子刚刚 6 个月。在被困井下时，他绝望了，想到了妻子、孩子和父母。他说："事故发生后，我真的一点希望都没有了，我甚至根本没有想到自己能活着走出来。"但是在步××的鼓励下，矿工们分成若干组，在其中某个出口处硬是用手挖了30多厘米的距离，可到了后来他们实在是没力气了。步××还组织休息的人把灯熄灭了省电，大家背靠着背取暖。他们挖完之后就在那里等着，直到救援的人来了。39名矿工为救援赢得了时间，成功获救。

192.矿井透水被围困时应如何自救与互救？

1. 当现场人员被涌水围困无法退出时，应迅速进入预先筑好的避难硐室中避灾，或选择合适地点快速建筑临时避难硐室避灾。如系老空透水，则须在避难硐室处建临时挡墙或吊挂风帘，防止被涌出的有害气体伤害。进入避难硐室前，应在硐室外留设明显标志。

2. 在避灾期间，遇险矿工要有良好的精神心理状态，情绪安定、自信乐观、意志坚强。要坚信上级领导一定会组织人员快速营救；坚信在班组长和有经验老工人的带领下，一定能够克服各种困难，共渡难关，安全脱险。要做好长时间避灾的准备，除轮流担任岗哨观察水情的人员外，其余人员均应静卧，以减少体力和氧气消耗。

3. 避灾时，应用敲击的方法有规律、间断地发出呼救信号，向营救人员指示躲避处的位置。

4. 被困期间断绝食物后，即使在饥饿难忍的情况下，也应努力克制自己，绝不嚼食杂物充饥。需要饮用井下水时，应选择适宜的水源，并用纱布或衣服过滤。

5. 长时间被困在井下，发觉救护人员来营救时，避灾人员不可过度兴奋和慌乱。得救后，不可吃硬质和过量的食物，要避开强烈的光线，以防发生意外。

◎**真实案例**

2000年1月11日，徐州大黄山煤矿发生突水险情，60位矿工被困井下。到12日下午3时20分，第4号抢险作业点在50名矿工的不停清理下，终于提前打通堵塞巷道，3305工作面上的23名被困矿工被解救并且全部生还。大黄山煤矿事故救援人员12日下午在煤矿另一作业区又发现一队遇险矿工。救援人员已经听到了矿工在井下敲击管道的声音，他们被困的时间已超过了28小时。抢险营救人员在—500 m4号抢险点听到微弱的敲击声，营救人员加快了掘进进度。他们在下午3时20分打通了淤塞的巷道，解救出被困了近30个小时的23名矿工。这23人所属的采煤三区遇到险情后，采煤三区副区长蒋××立即将所有人聚拢到了一块，首先想到的是传递信号，让营救人员欣慰的敲击声从早上8时到下午1时延续了5 h。蒋××同时又将23人分成11个组轮番对淤塞的巷道进行挖掘。淤塞端氧气逐渐减少，极富经验的蒋××让大家退后100多米到空气清新的巷中。他们自救式挖掘仍未停止，2人一组向前“冲锋”，只是换班的频率进一步加快。他们整整掘进了20 m，为提前打通淤塞巷道节省了宝贵的时间。

193.发生冒顶时有哪些自救互救方法？

当冒顶发生时，掌握以下自救互救方法非常必要：

1. 采掘工作面出现冒顶预兆，而当时又难以采取措施防止冒顶事故发生，最好的方法就是迅速离开危险区，撤退到安全地点，特别是没有处理顶板冒落经验的作业人员更应如此。情况危急时，危险区的作业人员可躲在附近的木垛下方或靠煤壁站立，待顶板稳定后再撤至其他安全地点。

2. 当被顶板冒落矸石埋压时，要立即向外部发出求救信号，特别是当被矸石埋压看不见人时，只要能呼叫和行动，就应发出有规律、不间断的信号，但要注意千万不要敲击对自己安全有威胁的物料、矸石。被埋压人员要注意配合外部人员的营救工作。不允许采用猛烈挣扎的方法企图脱险，要注意保护头部，保持鼻、口的畅通。

3. 当作业人员被冒顶矸石堵住无法逃出时，应维护加固附近的支架，特别是冒顶边缘的支架，以防冒顶范围继续扩大，威胁被堵人员生命安全。千万注意不能冒险越过冒顶区企图逃生。被堵范围氧含量下降、有毒有害气体增加时，应及时佩戴好自救器。若被堵巷道铺设有压风管，应打开阀门给被堵巷道空间输送新鲜空气，并稀释瓦斯和其他有毒有害气体，但要注意保暖。有条件时，应利用现场材料采取积极自救的方法，组织人员疏通脱险通道，实现自行安全脱险，或者配合外部的营救工作，为提前脱险创造条件。

194.井下避灾要点是什么？

大量事实证明，当矿井发生灾害事故后，矿工在万分危急的情况下，依靠自己的智慧和力量，积极、正确地采取自救、互救措施，是最大限度地减少事故伤亡和损失的有效方法。因此，每个矿工和下井工作人员，必须根据本人工作环境的特点，认识和掌握常见灾害事故的规律，了解事故发生前的预兆，通过学习牢记各种事故的避灾要点，提高自己的自身抗灾能力。

在井下灾区避灾的要点是：

1. 选择适宜的避灾地点。

2. 保持良好的精神心理状态。

3. 加强安全防护。

4. 改善避灾地点的生存条件。

5. 积极同救护人员取得联系。

6. 积极配合救护人员的抢救工作。

195. 为什么要做好现场急救工作?

为了尽可能地减轻伤员痛苦，防止伤情恶化，防止和减少并发症的发生，挽救濒临死亡伤员的生命，必须做好现场急救工作。

据统计资料，现场急救做得好，可减少 20% 伤员的死亡；人员受伤后，2 min 内进行急救的成功率可达 70%；4～5 min 内进行急救的成功率可达 43%；15 min 以后进行急救的成功率则较低。

现场急救的关键在于“急”。因为煤矿井下现场一般距离矿医院或井下保健站都较远，专业的医疗人员或保健人员到达现场需要一段时间，而现场作业人员对伤员进行急救，就能达到及时、有效的目的。因此，在煤矿现场做好急救工作，关系到伤员生命的安危和健康的恢复，是煤矿安全生产中的一件大事。

196.现场受伤人员的急救原则和急救技术是什么?

1. 现场急救应遵循的原则

井下受伤人员现场急救应遵循“三先三后”的原则，即对窒息或心跳、呼吸停止不久的伤员，必须先复苏，后搬运；对出血的伤员，必须先止血，后搬运；对骨折的伤员，必须先固定，后搬运。

2. 现场创伤急救技术

现场创伤急救技术包括：

（1）人工呼吸。

（2）心脏复苏。

（3）止血。

（4）创伤包扎。

（5）骨折临时固定。

（6）伤员搬运。

197.人工呼吸有几种方法?

人工呼吸适应于触电休克、溺水、有害气体中毒窒息或外伤窒息等引起的呼吸停止、假死状态者。如果停止呼吸不久，大都能用人工呼吸方法进行抢救。

在实行人工呼吸前，先要将伤员运送到安全、通风良好的地方，将领口解开，腰带放松，注意保护体温。腰背部要垫上软的衣服等，使胸部张开。应先清除口中脏物，把舌头拉出或压住，防止堵住喉咙，妨碍呼吸。各种有效的人工呼吸必须在呼吸畅通的前提下进行，才能获得成功。

人工呼吸常用的方法有以下几种：

1. 口对口吹气法

口对口吹气法是效果最好、操作最简单的一种方法。操作前使伤员仰卧，救护者在其头的一侧，一手托起伤员下颌，将下唇稍微拉开使口稍张，并尽量使其头部后仰，另一手将其鼻孔捏住，以免吹气时，从鼻孔漏气；自己深吸一口气，紧对伤员的口将气吹入，造成吸气，然后松开捏鼻的手，并用一手压其胸部以帮助呼气，如此有节律的、均匀的反复进行，每分钟应吹气14～16次，注意吹气时切勿过猛、过短，也不宜过长，以占一次呼吸周期的1/3为宜。

2. 仰卧按压胸法

让伤员仰卧，救护者跨跪在伤员大腿两侧，两手拇指向内，其余四指向外伸开，平放在其胸部两侧乳头之下，借助半身重力压伤员胸部，挤出肺内空气；然后，救护者身体后仰，除去压力，伤员胸部依其弹性自然扩张，使空气吸入肺内，如此有节律的进行，要求每分钟压胸部16次～20次。此法不适用于胸部外伤或二氧化硫、二氧化氮中毒者，也不能与胸外心脏按压法同时进行。

3. 俯卧按压背

此法与仰卧按压胸部法操作大致相同，只是伤员俯卧，救护者跨跪在伤员大腿两侧，此法对溺水急救较为适合，因为，这样做便于排出肺内水分。

198.如何对伤员进行心脏复苏?

1. 心前区叩击术

手握拳在距离胸部上方 30 mm 高度向胸骨下段部位捶击，注意叩击力度，在连续叩击 3～5 次后，应观察脉搏和心音，若恢复则表示复苏成功；反之，应立即改为胸外心脏按压术。

2. 胸外心脏按压术

（1）将伤员仰卧，急救者手掌面与前臂垂直，双手重叠置于伤员胸骨 1/3 处，有节奏地、冲击式地向脊柱方向用力按压，使胸骨压下 3～4 cm。

（2）按压后迅速抬手使胸骨复位，以利于心脏的舒张。

以上步骤每分钟 60～80 次，有节奏、均匀地反复进行，直至恢复心脏自主跳动为止。此法应与口对口人工呼吸同时进行，一般每按压心脏 4 次，口对口吹气 1 次。

199.对伤员进行止血有哪几种方法?

1. 对出血人员的识别

根据血液颜色和流出状态可分 3 种出血：

（1）动脉出血，血液是鲜红的，而且从伤口向外喷射。

（2）静脉出血，血液是暗红的，血流缓慢而均匀。

（3）毛细血管出血，血液呈红色，像水珠从伤口流出。

2. 对出血人员的急救

对出血人员的急救主要有以下几种方法：

（1）指压止血法。

（2）加垫屈肢止血法。

（3）止血带止血法。

（4）加压包扎止血法。

200.如何对伤员进行创伤包扎？

1. 创伤包扎应注意事项

（1）包扎时，应做到动作迅速敏捷，不可触碰伤口，以免引起出血、疼痛和感染。

（2）不能用井下的污水冲洗伤口。伤口表面的异物（如煤块、矸石等）应去除，但深部异物需运至医院取出，防止重复感染。

（3）包扎动作要轻柔、松紧度要适宜，不可过松或过紧，结头不要打在伤口上，应使伤员体位舒适，绷扎部位应维持在功能位置。

（4）脱出的内脏不可纳回伤口，以免造成体腔内感染。

（5）包扎范围应超出伤口边缘 5～10 cm。

2. 创伤包扎的方法

（1）环形包扎法。该法适用于头部、颈部、腕部及胸部、腹部等处。将布条做环形重叠缠绕肢体数圈后即成。

（2）螺旋包扎法。该法用于前臂、下肢和手指等部位的包扎。先用环形法固定起始端，把布条渐渐地斜旋上缠或下缠，每圈压前圈的一半或 1/3，呈螺旋形，尾部在原位上缠 2 圈后予以固定。

（3）螺旋反折包扎法。该法多用于粗细不等的四肢包扎。开始先做螺旋形包扎，待到渐粗的地方，以一手拇指按住布条上面，另一手将布条自该点反折向下，并遮盖前圈的一半或 1/3。各圈反折须排列整齐，反折头不宜在伤口和骨头突出部分。

（4）“8”字包扎法。该法多用于关节处的包扎。先在关节中部环形包扎两圈，然后以关节为中心，从中心向两边缠，一圈向上，一圈向下，两圈在关节屈侧交叉，并压住前圈的 1/2。

201.如何进行骨折固定?

1. 骨折固定应注意事项

对骨折者，首先用毛巾或衣服作衬垫，然后就地取用木棍、木板、竹笆片等材料做成临时夹板，将受伤的肢体固定后，抬送医院。对受挤压的肢体，不得按摩、热敷或绑止血带，以免加重伤情。

2. 骨折固定的方法

（1）上臂骨折。于患侧腋窝内垫以棉垫或毛巾，在上臂外侧安放垫衬好的夹板或其他代用物，绑扎后，使肘关节屈曲 90°，将患肢捆于胸前，再用毛巾或布条将其悬吊于胸前。

（2）前臂及手部骨折。用衬好的两块夹板或代用物，分别置放在患侧前臂及手的掌侧及背侧，以布带绑好，再以毛巾或布条将臂吊于胸前。

（3）大腿骨折。用长木板放在患肢及躯干外侧，半髋关节、大腿中段、膝关节、小腿中段、踝关节同时固定。

（4）小腿骨折。用长、宽合适的木夹板 2 块，自大腿中段至踝关节分别在内外两侧捆绑固定。

（5）骨盆骨折。用衣物将骨盆部包扎住，并将伤员两下肢互相捆绑在一起，膝、踝间加以软垫，曲髋、屈膝。要多人将伤员仰卧平托在木板担架上。有骨盆骨折者，应注意检查有无内脏损伤及内出血。

（6）锁骨骨折。以绷带做“∞”形固定，固定时双臂应向后伸。

202.如何搬运伤员?

井下条件复杂，道路不畅，转运伤员要尽量做到轻、稳、快。没有经过初步固定、止血、包扎和抢救的伤员，一般不应转运。搬运时，应做到不增加伤员痛苦，避免造成新的损伤及合并症。搬运时应注意以下事项：

1. 呼吸、心搏骤停及休克昏迷伤员应先及时复苏，再搬运。

2. 对昏迷或窒息伤员，要把肩部稍微垫高，使头部后仰，面部偏向一侧或采用侧卧和偏卧位，以防胃内呕吐物或舌头后坠堵塞气管而造成窒息，注意随时都要确保呼吸道通畅。

3. 一般伤员可用担架、木板、风筒、刮板输送机槽、绳网等运送，但脊柱损伤和骨盆骨折的伤员应用硬板担架运送。

4. 对一般伤员均先行止血、固定、包扎等初步救护后，再进行转运。

5. 一般外伤伤员，可平卧在担架，伤肢抬高；胸部外伤的伤员可取半坐位；有开放性气胸者，需封闭包扎后，才可转运；腹腔部内脏损伤的伤员，可平卧，用宽布带将腹腔部捆在担架上，以减轻痛苦及出血。骨盆骨折的伤员可仰卧在硬板担架上，曲髋、屈膝，膝下垫枕或衣物，用布带将骨盆捆在担架上。

6. 搬运胸、腰椎损伤的伤员时，先把硬板担架放在伤员旁，由专人照顾患处，另有两三人在保持脊柱伸直，同时用力轻轻将伤员推滚到担架，推动时用力大小、快慢要保持一致，要保证伤员脊柱不弯曲。伤员在硬板担架上取仰卧位，受伤部位垫上薄垫或衣物，使脊柱呈过伸位，严禁坐位或肩背式搬运。

7. 对脊柱损伤的伤员，要禁止让其坐起、站立和行走。也不能用一人抬头、一人抱腿或人背的方法搬运，因脊柱损伤后，再弯曲活动时，有可能损伤脊髓而造成伤员截瘫甚至死亡，所以在搬运时要十分小心。

8. 转运时应让伤员的头部在后面，随行救护人员要时刻注意伤员的面色、呼吸、脉搏，必要时要及时抢救。随时注意观察伤口是否继续出血、固定是否牢靠，出现问题要及时处理。走上下山时，应尽量保持担架平衡，防止伤员从担架上翻滚下来。

203.如何对中毒或窒息人员进行急救?

急救中毒或窒息人员时应进行以下 4 点内容:

1. 迅速把中毒或窒息人员抬运到有新鲜风流和周围支架完好的地方。在搬运途中，如仍受到有害气体威胁，急救者一定要佩戴好自救器，伤员也应戴上自救器。

2. 尽快将伤员口、鼻内妨碍呼吸的黏液、血证、碎煤石等杂物除去，并将其上衣、腰带解开，脱掉胶鞋，同时对其进行保暖，用棉袄、棉被等盖住身体，以免受寒。

3. 对中毒或窒息人员，如果呼吸微弱或已停止，应采取人工呼吸；如果心脏停止跳动，应采取胸外心脏按压或两种方法同时进行，以恢复其呼吸和心跳。

4. 急救者在现场急救中，一定要沉着，动作要迅速，在进行急救的同时，可请求矿上派医生前来救治。

204. 如何对烧伤人员进行急救？

烧伤急救要点概括为“灭、查、防、包、送”五个字。

1. “灭”即扑灭伤员身上的火，使其尽快脱离热源，缩短烧伤时间。

2. “查”即检查伤员呼吸、心跳情况；检查是否有其他外伤或有害气体中毒；对爆炸冲击烧伤人员，应注意有无颅脑或内脏损伤、呼吸道烧伤。

3. “防”即防止伤员休克、窒息、创面污染。因疼痛发生休克或发生急性喉头梗阻而窒息时，可进行人工呼吸等急救；为减少创面污染，在现场检查和搬运伤员时，可不剪开和脱掉伤员的衣服。

4. “包”即用较干净的衣服把伤员包裹起来，防止感染。在现场除化学烧伤可用大量流动的清水冲洗外，对创面一般不作处理，尽量不弄破水泡以保持表皮。

5. “送”即将严重伤员迅速送往医院。

205. 如何对触电者进行急救？

急救触电者应进行以下 5 个步骤：

1. 立即切断电源，或使触电者脱离电源。如果离电源开关较近，要迅速断开开关停电；如停电开关较远，要用干木棍把电线从触电者身上挑开，挑开的电线应妥当放置，以免伤及他人。千万不可用斧子砍断电缆，因为这样可能使急救者触电或产生电火花引起爆炸事故。

2. 伤员脱离电源后，要将其抬到新鲜风流中，根据不同情况立即进行抢救。如发现已停止呼吸或心音微弱，应立即进行人工呼吸或胸外心脏按压；若呼吸和心跳都已停止时，应同时进行人工呼吸和胸外心脏按压。触电者有的会长时间“假死”，因此一定要充满信心，坚持 4 h 直至其复苏或不幸死亡为止。

3. 遭受电击者，如有其他损伤（如跌伤、烧伤、出血等），应作相应的急救处理。局部电击伤的伤口应进行早期清创处理，创面宜暴露，不可包扎，以防组织腐烂、感染。要保持伤口干燥，不可用水清洗创面。

4. 抢救触电者动作要迅速。急救者不要在未脱离电源时直接触及触电者或电线，更不能用手或用湿铁棍去使其脱离电源，以防自己触电。

5. 触电者恢复了心跳和呼吸，伤情稳定后，应在医务人员的监护下升井送往医院进行治疗和休养。

206.如何对溺水者进行急救?

急救溺水者应注意做好以下 4 个步骤：

1. 转送

把溺水者从水中救出来以后，立即转送到比较温暖和空气流通的安全地点，松开腰带，脱掉湿衣，盖上干衣以免受寒。

2. 检查

以最快的速度检查溺水者的口鼻，撬开嘴清除堵在里面的泥沙、煤石等物，并把舌头拉出，使其呼吸道畅通。

3. 控水

将溺水者俯卧，用枕头、衣服等垫在肚子下面；或急救者半跪，将其腹部放在急救者的大腿上或膝盖上，头部下垂，并不断压其背部；或抱其脖部，使其臀部向上、头部下垂；或用肩扛其腹部，快速奔跑或不断上下耸肩。通过以上等方法使其肚子里的积水从气管、口腔中流出。

4. 人工呼吸

如果溺水者呼吸已停止，要立即进行人工呼吸；如果呼吸、心跳均停止，要立即进行胸外心脏按压，同时进行口对口人工呼吸。另外，还要注意进行合并伤的急救处理，如止血、包扎和骨折临时固定等。

207.现场急救井下长期被困人员应注意哪些安全事项?

在冒顶、爆炸、透水等事故发生时，都有可能将井下作业人员围困在现场或躲在安全地点避难，有的几小时，有的几天甚至几十天。对井下长期被困人员现场急救应注意以下安全事项：

1. 在井下发现长期被困人员时，禁止用矿灯直接照射其双眼；在搬运过程中应用毛巾、衣服等将其双眼蒙住，待恢复正常时，方可升井接触自然光线，否则可能造成失明。

2. 井下长期被困人员脱险后，不应立即抬运井上，应将其安置在井口附近的安全地点，并注意保暖，待其体温、脉搏、呼吸、血压稍有好转以及情绪稳定后，方可升井送往医院救治和疗养。

3. 长期被困人员脱险后不能进硬食，更不能暴饮暴食，应吃一些稀、软易消化的食物，且少吃多餐，以使胃肠功能逐渐恢复。

4. 在治疗初期要劝阻亲属前来探望，避免被困人员急救后过度兴奋，情绪激动，产生不良刺激，甚至发生意外。

208.如何对冒顶埋压伤员进行现场急救?

冒顶发生后，被大煤矸石、支柱等重物埋、压的伤员，由于受到长时间挤压，会造成肌肉组织缺血坏死，进而引起肾脏损坏而发生肾功能衰竭等症状，因此，必须尽快扒出，扒出后立即进行必要的现场急救。

1. 抢扒被冒顶埋压的伤员时不要损伤人体。如果石块较大，无法搬动，可用千斤顶等工具抬起拨开，绝对不可用镐刨或铁锤砸打，更不能用放炮的方法崩碎。

2. 如果确知被冒顶埋压的伤员头部位置，应迅速扒出头部。头部扒出后，要立即清除口腔、鼻腔的污物，使其呼吸道畅通。

3. 如果救出的伤员有外伤，要将其抬到安全地点后，尽快脱掉或撕开衣服，先止血，缠上绷带。包扎时，如果伤口有煤渣，不要用水洗，避免手直接触及伤口，更不可用脏布包扎。

4. 如果救出的伤员有骨折，应用夹板固定，受挤压的肢体不允许按摩、热敷或上止血带。条件允许时可吃点止痛药和消炎药，但注意头部和腹部受伤时不可服药和喝开水，以防误诊。

5. 如果救出的伤员呼吸困难或呼吸已经停止，要立即进行人工呼吸抢救；若心脏也已经停止跳动，应进行心脏按压，促使其恢复心跳。

209.如何初步判断伤情?

井下发生灾害事故时，一旦出现一批伤员，一般是抢救危重伤员，然后再抢救受伤较轻的伤员；即使只有一名伤员，判断其伤情轻重，对迅速、准确和有效地完成伤员现场急救工作，也有着重要意义。

1. 伤情判断四大体征

（1）心跳。正常人每分钟心跳 60～80 次，严重创伤、大出血的伤员心跳大多数增快。

（2）呼吸。正常人每分钟呼吸 60～80 次。

（3）瞳孔。正常人两眼瞳孔是等大、等圆的，遇到光线能迅速收缩变小。严重颅脑损伤的伤员，两眼瞳孔不一般大，用电筒光线刺激，不收缩或反应迟钝。

（4）神志。正常人神志清醒，对外来刺激能引起反应；伤势较重的伤员，神志模糊或出现昏迷，对外来刺激能没有反应。

2. 伤员分类和现场急救要点

根据伤情的轻重，大致可以将伤员分为以下 4 类，各类的现场急救方法也不同。

（1）轻伤员。凡伤员出现软组织受伤，如擦伤、裂伤和一般挫伤现象，均属于轻伤员。这类伤员大多数能自己行走，可经现场简单施救后即可休息，不必送往医院进行抢救治疗。

（2）重伤员。凡伤员发生骨折和脱位、严重挤压伤、大面积软组织挫伤、内腔损伤等现象，均属于重伤员。对此类伤员多数需要进行手术治疗。需要马上手术的，必须立即护送到医院进行手术；可以暂缓手术的，要密切注意预防休克。

（3）危重伤员。凡伤员出现外伤性窒息和心搏骤停、呼吸困难、深度昏迷、严重休克和大量出血等现象，均属于危重伤员。对此类伤员必须立即进行抢救，并在严密观察和继续抢救的同时，立即护送到医院进行抢救治疗和休养。

（4）死亡伤员。

判断真正死亡的方法是：

1）自主呼吸停止。

2）瞳孔扩散，无反射能力。

3）血液停止循环，脉搏、心脏停止跳动。

4）深度不可逆昏迷和大脑全无反应，所有的神经反射消失。

5）肢体僵硬，背部出现赤灰色斑点。

伤员受伤后，要认真判断是“真死”还是“假死”，不能放弃任何一点抢救的希望。

参考文献

国家安全生产监督管理总局，国家煤矿安全监察局.2010.煤矿安全规程［M］.北京：煤炭工业出版社.

国家安全生产监督管理总局，国家煤矿安全监察局.2009.煤矿防治水规定［M］.北京：煤炭工业出版社.

国家安全生产监督管理总局矿山救援指挥中心.2008.《矿山救护规程》解读［M］.徐州：中国矿业大学出版社.

国家安全生产监督管理总局，国家煤矿安全监察局.2009.防治煤与瓦斯突出规定［M］.北京：煤炭工业出版社.

国家煤矿安全监察局人事培训司组织编写.2002.爆破工［M］.徐州：中国矿业大学出版社.

国家安全生产监督管理总局宣传教育中心编写.2006.煤矿爆破工［M］.北京：冶金工业出版社，

李定远.2006.煤矿重大安全生产隐患认定及治理［M］.北京：中国三峡出版社.

中国煤炭工业协会编.2009.《煤矿安全质量标准化标准及考核评级办法（试行)》执行说明［M］.北京：煤炭工业出版社.